大数据环境下的科技信息潜在语义挖掘技术优化与比较研究

崔运鹏◎著

科学技术文献出版社
SCIENTIFIC AND TECHNICAL DOCUMENTATION PRESS
·北京·

图书在版编目（CIP）数据

大数据环境下的科技信息潜在语义挖掘技术优化与比较研究 / 崔运鹏著. —北京: 科学技术文献出版社, 2021. 10（2023. 4重印）

ISBN 978-7-5189-8474-9

Ⅰ. ①大… Ⅱ. ①崔… Ⅲ. ①数据采集—研究 Ⅳ. ① TP274

中国版本图书馆 CIP 数据核字（2021）第 208384 号

大数据环境下的科技信息潜在语义挖掘技术优化与比较研究

策划编辑：郝迎聪　　责任编辑：王　培　　责任校对：张永霞　　责任出版：张志平

出 版 者　科学技术文献出版社
地　　址　北京市复兴路15号　邮编 100038
编 务 部　(010) 58882938，58882087（传真）
发 行 部　(010) 58882868，58882870（传真）
邮 购 部　(010) 58882873
官方网址　www.stdp.com.cn
发 行 者　科学技术文献出版社发行　全国各地新华书店经销
印 刷 者　北京虎彩文化传播有限公司
版　　次　2021 年 10 月第 1 版　2023 年 4 月第 2 次印刷
开　　本　787 × 1092　1/16
字　　数　186千
印　　张　10.5
书　　号　ISBN 978-7-5189-8474-9
定　　价　48.00元

前　言

大数据时代，数据作为一种新的经济资产，驱动科学研究处于以数据为基础进行科学发现的第四范式。不同的学科领域，正在不同的层面上广泛地关注着大数据给本领域的研究和实践带来的深刻影响，大数据技术在情报研究领域的应用逐渐深入。大数据技术的战略意义不在于掌握庞大的数据信息，而在于对这些含有意义的数据进行专业化处理。对于在数据分析领域扮演重要角色的情报研究工作而言，大数据的理念和技术既带来了机遇，也带来了挑战。一方面，在大数据时代，情报研究工作得到空前的重视，大数据为情报研究的新发展提供了机会，它从更为广阔的视野来看待情报研究的定位，研究新技术新方法，解决新问题，极大地促进情报研究理论与实践的发展；另一方面，大数据时代要求各行各业重视情报研究工作，这就必然使得众多学科有意识地涉足以往作为专门领域的情报研究，并将其作为本学科的重要组成部分加以建设。现代情报研究已经迈入了大数据时代。

大数据技术和相关理念能够为情报研究、决策制定等工作的开展提供更多支持，本书以潜在语义挖掘理论研究与分布式并行计算方法研究、分布式潜在语义挖掘并行计算技术研发及大数据环境下潜在语义挖掘比较研究3项内容为切入点，重点解决文献服务实际应用场景下的大规模科技文档语料潜在语义信息挖掘的问题，化解大规模科技信息文档语料潜在语义挖掘分布式并行计算过程及定量判断大数据环境下科技文献数量变化对深度潜在语义挖掘影响的核心技术难点。对文本挖掘交叉领域关系、文献领域语义挖掘的多样化挑战、研究应用前景等进行了探讨，希望为科技信息潜在语义挖掘技术研究工作的开展提供参考，为理论研究及实践应用等方面水平的提升提供更多支持。

目　录

第一章

研究背景与意义

近10年来，以大数据处理、分析和应用为核心的技术体系得到了飞速发展，人工智能技术也因此突飞猛进，取得了很多突破性的成果。在自然语言处理领域和信息情报领域，深度学习、大规模文本挖掘算法获得了较大成功，分布式词向量等技术的出现为知识获取提供了强大的手段。随着技术的进步和发展，大数据环境下的语义挖掘已成为科技信息深度挖掘分析和有效知识获取必不可少的工具，并展现出前所未有的威力和效果。

知识的获取和利用是图书情报领域所面临的重要核心问题。长期以来，由于现有主流算法自身限制，无法在图书情报领域知识获取层面开展大规模科技信息的处理，无法从内容层面获得更有用的知识以直接支持决策。用于大规模数据的潜在语义分析与小样本下的语义分析和传统小样本数据下的技术相比较，能够揭示更多蕴藏在科技信息当中的知识。研究开展潜在语义挖掘算法的分布式并行计算方法，并使之能够应用于大规模科技信息的处理。本研究还尝试使用最新出现的分布式词向量技术，通过深层神经网络语言模型的词向量计算和训练，挖掘基于上下文的文本语义内容，从而为科技信息的深度挖掘和知识发现提供更强大的手段和工具。

1.1　问题的提出

潜在语义挖掘算法的分布式并行计算，用较低的计算成本实现潜在语义挖掘对大规模（百万数量级）科技信息文档的处理，并在此基础上，通过增加所处理的科技信息语料数量，对科技信息进行挖掘，以精确揭示科技信息概念主题准确率和语义检索查准率之间的关系，为大数据环境下的科技信息深度语义挖掘研究与应用提供依据。

本书实现了对大规模科技信息文档语料进行分布式潜在语义挖掘并行计算，并定量研究分析了科技信息语料数量变化对大数据环境下深度潜在语义挖掘的影响。通过算法改进实现大规模科技信息文档语料的潜在语义挖掘，并收集不同数量语料所对应的概念主题准确率、语义检索查准率数据，发现它们与科技信息语料数量的关系和变化规律。

近5年来，自然语言处理、深度网络架构及优化训练方法涌现出新的强大的技术，并取得了令人瞩目的效果。如基于深度学习的分布式词向量技术、命名实体识别技术、基于主动学习技术的标注技术、基于循环神经网络的机器翻译和对话技术等，这些技术的出现，从某种程度上颠覆了传统的文本分析技术，并且展现出完全不同于以往的应用效果。因此，完成规定的研究内容外，还引入了基于深度学习的分布式词向量技术，以及多线程的LDA主题抽取技术，以更进一步探索新技术的应用对图书情报和知识管理所产生的影响及其作用。

问题的提出与解决能够精确揭示大数据环境下科技信息语料数量变化对潜在语义挖掘概念主题准确率和语义检索查准率的影响，为大数据环境下的深度语义挖掘研究与应用提供可靠依据。同时，研究将实现潜在语义挖掘算法的改进，在普通局域网环境下利用常规设备实现算法的分布式并行计算，使潜在语义挖掘技术用于大规模文档处理得以实现。

1.2 研究现状

随着人类历史的发展，特别是近代，文字信息积累迅速，人类对文字工具的应用越来越深入成熟。互联网的出现，使得文字的积累产生爆发，人类在近10年来所产生的文字信息数量已经超出所有历史时期积累的总和。在最近的十几年里，人们丰富的社会生产生活在网上持续产生了大量蕴含价值的文本数据；然而，由于相关文本信息挖掘技术的空白或不成熟，人们难以从大量数据资源中提取有价值的信息。亟须开发出高效的工具，以便从大规模文本数据中提取出能够直接服务于人类决策的知识，文本挖掘、自然语言处理和自然语言理解等技术就是为解决这些问题应运而生的新的研究方法。

较早的、传统的自然语言处理技术只能对文本信息进行较低层次的、统计层面的挖掘和发现，分析主要基于词、语法及语义信息，根据词出现在句子中的频率、次序等信息挖掘出有价值的内容，且句法和语义的歧义性给这一方法带来了极大的干扰。

文本挖掘领域新兴了一种着眼于从文档数据中直接抽取直观的，抑或是非直观的知识与模式的研究方法。它的成果是从单个文本或者多个文本的文档集中分析获得文本的高层次理解对象。它旨在解决使用传统的技术手段只能从词汇和单个句子的角度进行分析，而基本不能通过对文档层面的语言理解获得更高层次知识的问题。

19 世纪早期，以统计学为基础发展起来的数据挖掘、机器学习技术现在较为成熟，且在大规模结构化数据的应用上取得较大成功。借助数据挖掘、机器学习算法模型分析自然语言文本，产生了Text Mining（文本挖掘）技术或Knowledge Discovery in Text（文本知识发现）技术。其中的文本挖掘技术是指把大规模文本集中隐藏的有价值的知识发掘出来，其中的知识主要指的是文本集中内容和文本、词汇间的关系。因此，文本挖掘技术是在自然语言处理、机器学习和数据分析技术的基础上一脉相承的新技术手段。

在真实世界中，绝大部分可获取的信息是由各种数据源组成，如电子邮件、时事新闻、论坛博客等，它们中的大部分都能直接或者间接地储存在文本数据中。随着这些文本数据储存的与日俱增，文本挖掘技术很快成为信息研究领域中的新热点。

文本数据库的数据源中有少部分是结构化的，如表格数据等；有些是半结构化的，如百度百科中的数据。各种数据库中的数据表，以及知识库中的文档都是结构化数据的代表。它们一般包含如作者、标题、出版社、图书出版号等结构字段（Meta Data），也包含非结构化成分，如评论、摘要和正文。结构良好的文本数据库可以储存在关系数据库或者哈希数据库（如MongoDB，是目前最有代表性的NoSQL数据库）系统中；对于非结构化的文本成分，则需要使用特殊的方法对其进行转化，变为某种程度上的良好结构化数据进行存储。

1.2.1　文本挖掘研究现状

文本挖掘涉及信息挖掘、统计学、深度学习、模式识别、人工智能、计算机语言学、信息自动标注与补全、信息资源管理等多个领域，是典型的交叉性学科。不同研究背景的研究者对文本挖掘的定义和实现方式有自己的理解，又因为所研究项目中具体目的和性质的不同使得他们的研究方法出现了进一步的差别。但是在诸多的观点中，仍然有一种对文本挖掘的定义获得了大家广泛的认可："文本挖掘是指抽取海量文本数据中可被人理解的、正确且有用的知识的过程，并不断利用挖掘得到的数据改善挖掘过程本身，从而不断提高文本挖掘系统的综合效果"。文本挖掘也被称为文本数据挖掘[1]或文本知识发现[2]。文本挖掘活动的主要目的是从非结构化文本文档中提取有价值的、重要的模式和知识。可把它当作基于数据库等结构化数据存储形式的数据挖掘或知识发现的技术在文本数据处理领域的又一次扩展[3-4]。与传统数据挖掘相比，文本挖掘过程面临着一些新的问题，如原数据是半结构化或非结构化的，其中完全非结构化的数据从计算机的视角看来只是一些长度较长的无意义字符串。文本挖掘的过程，主要由以下步骤组成：文本预处理、特征计算、效果测试与模型调整、结果存储，可表示为文本数据→预处理→较一致的数据形式→文本挖掘→挖掘结果→模型评估与验证→最终结果。

文本挖掘的对象常常是各种类型的文档数据，文档语言一般是对计算机理解和运算不友好的人类的自然语言。自然语言中的每一个词对于计算机来说缺乏明显的语义，而自然语言中的语法，即词语的组合规则及其对应的意义在计算机中也同样无法被自然地解释。

因此，文本挖掘过程必须处理的第一个问题就是如何把文本变为可计算的数据。现在的主流方案都是将抽取出文本中的关键特征（即机器学习和数据挖掘领域中所提到的特征工程）作为中间数据形式的方法。在特征工程的模型训练阶段，要在模型效果、计算资源和运算时间这三者之间取得均衡。既要使模型的高效性和准确性得到保证，又不使模型过于复杂以至于难以部署或者在消耗了计划内资源后仍尚未完成整个训练过程。由于高性能计算技术的发展，即TPU、GPU的出现，使得算力的问题得到了良好解决，但随之而来的是模型训练所需的成本与日俱增。

在纷繁的网络信息中，80%的信息借助文本形式存在，这催生了Web文本挖掘相关技术体系。Web内容挖掘的主要手段为源于机器学习和数据挖掘的Web本挖掘。但与传统数据挖掘不同，Web文本挖掘指从大量万维网文档中发掘隐含知识与模式的方法和技术。

文本表示及文本特征提取是文本挖掘领域研究中最关键的步骤，从文本中抽取出具有代表性的特征词汇的集合，再将它们进行数字化及映射与变换。从纯文本中提取关键词，并将词语间的语法语义关系信息先通过各种方法分析出来，然后选择合适的表示方式参与后续的分析和计算，使计算机能够完成各种类型的下游任务，如文本分类、篇章聚类、文本的主题分析、实体识别与鉴定等。因此，文本的向量化表示是文本挖掘的前提。

由于文本数据本身没有直接的结构，要想在科学实践中利用文本信息，第一步就是从中建立信息的结构。目前，主要是基于向量空间模型方法来表示。较为原始的方式是把经过分词和词频统计得到的各个词语的数据并排组成代表整个文本的特征向量，但是这种特征向量是非常稀疏的高维数据，它们特别占据空间且通常难以计算。因为它们稀疏的性质，所以它们的信息密度也非常低，在同等的数据大小下只能表示很少的信息，或者说描述很少的信息就需要很多的数据，对于它的产生、处理和利用，都将会是一个非常低效且缓慢的过程。因此，有必要做进一步处理，在尽量保证原文含义及特征的基础上，找出较低维度的特征向量。传统技术中解决这个问题最有效的办法是通过特征选择进行降维，如SVD和PCA方法。更新的、更高效的方法则包括使用深度学习模型在海量预训练数据中不断训练而最终得到的词嵌入方法，如Google的word2vec中的Skip-gram和CBOW模型、Google BERT自编码器模型、Google的XLNet自回归编码器模型、OpenAI的GPT-2 模型等，这些模型都是在超大规模算力支持下，预先训练好的词向量模型。使用模型时，只需下载模型训练好的向量文件，用自己的训练语料进行调优（Fine Tuning）即可使用。

以往的文本特征表示研究主要的关注点在特征模型的选择和特征词选择算法的改进提升上。文本特征是构成文本表示的基本单位。它必须满足以下要求：

① 文本特征能够较为完善地包括文本中的关键信息点；

② 文本特征能够表示出各个文本的差异性；

③ 文本特征的数量越少越好；

④ 文本特征获取算法的算法复杂度不过高，最好是对数级复杂度。

以往的中文特征选取的主要形式有字、词和词组。其中，词比字具有更强的表达能力，而词组的切分需要额外的方法，这也是值得注意的方面。所以，目前主流且高效的算法大抵是采用词表示的这种特征形式。但是具体要选取哪些词作为我们的特征呢？如果全部选取就回到了前面讲到的高维数据的形式，失去了特征抽取的意义。所以通常的做法是选取 10% ～ 20% 的词语，作为我们的特征词。

文本特征选择作为自然语言处理任务的起点，是任何经典的文本分析任务都绕不过去的坎，而且现在它的技术还并没有达到一个非常成熟的地步。随着神经网络时代的到来，特征表示的学习已经在各种算法流程中成为一个核心步骤，其模型复杂度和改进难度都越来越大。总的来说，文本特征表示的质量对于最终任务的质量至关重要。一般的做法是根据训练文本集合中的所有词的频率分布规律和其他高级的语义分布规律等，计算各个词语的重要性和代表性的评价分数，对其排序后从高往低选取一系列的词作为特征词集合，这就是现在特征抽取的通常做法。

理论上，特征抽取方法有 3 种具体方式。

① 把原始词语通过统一的筛选和变换方法，降低数据的维度并获得高效而有表现力的特征表示。

② 利用统计学的方法分析文档的概率主题模型。

③ 根据领域专家的先验知识来指定选取特征词的规则。

其中，第一种方式是较为精确的方法，有较少的包括，对下游的各种自然语言处理任务有较好的支撑。随着深度学习、强化学习等相关技术的发展，文本特征提取必将还会经历几次大的技术革命，并在自然语言处理和自然语言理解领域发挥更好的作用。

文本挖掘的实际操作主要包含以下几个步骤。

1.2.1.1 文本预处理

文本预处理即特征提取步骤之前的准备步骤，目的是把纯文本数据整理成特征提取算法能够处理的数据形式，包括文本集→特征抽取→特征选择→文本特征矩阵，通常包括两个主要步骤。

① 特征抽取：利用特定的特征抽取算法，将所有可能的特征的值及其表达能力分数计算出来。

② 特征选择：在上一步的基础上，利用特征的表达能力分数进行总排序，然后将分数靠前的部分特征的特征值组合起来，构成维度更低的特征空间。

所谓的“文本挖掘技术”，就是在文本特征的基础上，使用模式识别领域的一般性的做法，提取面向给定目标的知识或模式。而“模式表示评估”，则是利用经典的可靠性强的评价方法对获取到的模式进行评价和效果性分析。将达到理想性能或要求的模式作为最终模式，而把不符合要求的结果标记出来，重新进行之前的步骤。

在NLP技术的一般流程中，在数据预处理之后都会紧接着进行特征提取工作。在文本特征中，结构化数据通常特征维度较低；而非结构化或半结构化的数据所产生的特征向量常常维度非常高。因此，在特征提取之后要解决的首要问题是如何处理过于稀疏的特征矩阵，即如何有效地表示文本以将文本用于模型计算。这种表示要求在尽量不遗失原数据有价值信息的基础上尽可能地减少特征的数量。

文本特征可以来自内部或者外部，其中：外部特征指的是随着整篇文档而产生的元数据，其特征分为描述性和内容性两种。描述性特征较容易获取，它一般含有文档名称、修改日期、文件大小，以及作者、标题、期刊来源等。但是与之相对的，内容性特征因难以挖掘和获取，而成为该领域的热点研究方向。用文本包含的字、词、词组或短语等短小的语言单位的数学集合来表示内容时，这些字、词又相应地称为术语（Term）。如果用术语表示文本，那么所选择的术语就是所获得的文本特征。

文本特征的理论模型包括布尔模型、概率主题模型、向量空间模型和基于知识表示的模型。布尔模型和向量空间模型都属于直观的轻量级的模型，所以在过去是文本表示的首选工具。更早期的搜索引擎多采用布尔模型或者类似的方法。英文文档中，单词间有着易于分辨的空格符可以直接用来划分单词，但是中文的词之间并没有类似的自然分隔符，所以它的处理流程就需要增加一个词语间隔的识别步骤，整个流程变为：去停用词→词语切分→特征词集合。

去停用词。文本中常常会有一些没有具体意义的助词、虚词等语法成分。它们不仅和现实世界中的任何事物都没有具体的关联，而且在所有的文档中都没高频使用，所以无法使各个文档之间增加任何的区分性。最简单的方法是直接通过我们对于某个语言的先验性知识，将这类词汇整理成一个查询表，从而在特征抽取之前直接将它们从文本数据中删去，这个表就叫停用词表（Stop Word List）[5]。除了上面提到的虚词和助词，如英文中的“a，the，of，for，with，in，at，……”，中文中的“的，地，得，把，被，就……”，一些实词同样没有太大的信息价值，因为这些词常常是概念过于宽泛的词汇，如“研究”“数据”等，或者是在某个学术研究领域已经成为标准方法或者成熟技术的词语，如数据库专题会议论文中的“数据库”一词就属于后者。

词干抽取。术语是由同一个原始词经过不同的变形方法而得到的非空词集，术语的原始规范形式称为词干（Stem）。词干抽取（Stemming）大致有 3 种思路。

① 词缀排除（Affix Rermoval）和词干表查询（Table Lookup），以及后继变化（Successor Variety）和N-gram。其中词缀排除的方法最为简洁轻便。英语单词中的派生词有很多是通过原型词加一个或者多个后缀后再进一步变形得到的，所以在抽取原型词的过程中一般会着重考虑后缀变形的还原方法，Porter算法[6]是最常用的后缀排除算法。

② 分词。中英文分词不同。英文是用空格隔开的，因此英文分词相对容易，只需用空格、段落标记和标点符号将不同单词切分出来即可。汉语在句子中间没有空格，因此汉语的分词问题相对复杂。汉语分词方法有以下 3 种：a. 规则式分词法，即先基于先验的语言语法知识，编写出对应的分析与解码规则，并让计算机根据该规则对文本进行分词的方法；b. 查表式分词法，一般先将常见的词语组合方式全部记录下来并建立索引，然后遍历文档中的词语和分词词语中的所有配对，并对成功匹配的词语按对应规则进行处理，从而完成词语切分；c. 最新的是基于预训练词向量的分词法，如利用BERT词向量的分词，实际上是基于深度神经网络的分词。第一类分词方法算法复杂，且需要大量专家先验知识，因此可操作性较差。查表式分词法在其词组匹配步骤中可以使用正向、逆向最大匹配法，全组合检查法等。因为被查的表常常内容有限，所以在进行语言风格多样且文本数量众多的分词任务时，常常会遇到未收录的词，进而严重影响整句话的匹配过程，从而影响分词准确率。为此，人们提出利用N-gram语言模型进行词项划分，从而摆脱上述方法中对词典的强依赖性。但是N-gram技术给后续的分析过程带来了新的不便，其中最大的问题是它得到的词项中有很大的比例是没有实际意义的。例如："天气预报"的unigram的结果是"天""气""预""报"；bigram结果是"天气""气预""预报"；trigram结果是"天气预""气预报"；fourgram结果只有一个词，即"天气预报"。其中bigram结果中的词汇"气预"，trigram词汇中的"气预报"等在现实世界中都没有实际意义。实际应用中，一般最多使用到trigram，再长的词项其分析意义已经可以忽略。目前使用的N-gram模型中，谷歌（Google）翻译使用了较多fourgram，其中的无效工作量之大无从估计。基于预训练词向量的分词法由于人工干预工作量极小但精度很高，有望未来取代前两种分词方法成为最主流的分词方法。

③ 特征选择。其也被称为特征子集筛选和优化。与人脸识别通过算法从人的面部图像所包含的上百万维的像素中抽取出核心特征一样，文本挖掘也要经过特征抽取的过程，以有效提升算法工作效率。当特征抽取结果中的特征过多的时候，如果

直接采用其结果，势必会对许多下游任务造成严重且不必要的干扰。此外，产生过分高纬度特征空间的处理算法还会严重影响与其相关的整个文本数据分析流程的效率。因此，为了在效率和正确率之间取得恰当的平衡，从获得的特征中进一步删选是非常必要的。文本特征领域的经典方法是使用机器学习技术。机器学习中的特征子集选取算法虽然多，但是其中有些算法烦复低效，并不能在大规模文本特征筛选问题中起到作用。国外对特征选择的研究已经有很多[7-9]，而且其中不乏针对文本分析领域的研究[10]。

文本特征提取是非结构化数据向结构化数据转换的处理步骤。向量空间模型中的特征维数很容易超过数百万，如此高维的稀疏特征未必都是有价值的，而且会严重降低整个NLP流程的效率，因此降维（一般只保留2%～5%的特征）是特征提取环节的重要内容。特征提取算法会先定义一个损失函数，而信息增益（Information Gain）函数、平均交叉熵函数（Expected Cross Entropy）、互信息值（Mutual Information）、文本证据权重函数（The Weight of Evidence for Text）都是文本处理领域常见损失评估函数。通过这些损失函数就能够全面评价算法的效果，甚至指引算法改进的方向。

国内对文本特征提取的研究主要以跟踪前沿研究应用为主，集中在引入国外现有特征评估方法和算法，用于中文文本特征选择[11]及根据中文自身特点对其进行改进[12]。近年来，基于深度学习的词向量技术在全世界迅速普及，基于该技术的下游自然语言处理任务不断刷新纪录。

1.2.1.2　下游自然语言处理任务

关键词关联分析。通过特征提取，文本数据有了结构化的形式，就可以进行后续的NLP步骤了。一般的研究方法常常通过以下两个阶段来发现关联规则：

① 挖掘阶段，筛选出所有支持度大约等于支持度阈值的关键词，它们构成的集合频繁项集；

② 生成阶段，使用①中产生的频繁项集，构造关联规则，并使其满足最小置信度约束。

Feldman是该领域的先驱，而著名的KDT[13]和FACT[14]算法都是它的研究成果，其中KDT系统还在Reuter语料集中成功发现了之前没有被发现过的关联规则。而新的基于深度学习的词向量技术由于采用滑动窗口技术，自然地加入了文本中上下文语境的语义关联的因素，所以基于关键词的关联分析技术在现阶段基本没有专门的研究。

（1）文本分类

文本分类的核心目的是把文本按照它所描述的内容和主题，或者按照其他诸如“是否是积极的”等评判标准将其分为几个种类中的一类，从而为进一步的文本信息利用、商业活动、社会活动提供参考，或者只是作为一种索引方法组织目前的文档数据以便日后快速查阅。分类算法需要在训练集上完成训练步骤后才能进入实际的生产应用环境。文本分类的经典方法有：决策树、SVM、朴素贝叶斯分类（Native Bayes）、神经网络方法、向量空间模型、K最近邻等。文本分类是文本挖掘中非常重要的任务。在机器学习中，分类任务属于有监督学习任务，任务目标是根据文档的内容及算法的衡量标准，把所有的文档数据都标明一个或者多个标签（单分类或者多分类）。该过程有以下步骤。

① 数据的标记与预处理：训练数据集中每个训练文本（样本）都已经标记好了准确的类别标号，并将其类别号和其他已标明的有价值信息连接组成了特征向量；

② 设计分类算法，训练分类模型：文本分类可以分为统计方法、机器学习方法、深度自适应学习方法等。

③ 在测试集和验证集上测试分类算法模型，并对模型做出评价和调优；之后可以返回设计分类算法阶段，开展模型继续训练。

④ 模型的保存和部署。

文本自身质量和种类是影响文本分类的关键因素。不同数据集的采集来源不同，语言风格和用语习惯不同，语言所描述的专业领域也不同。目前，普遍认为不存在一种模型或者方法能适合于所有分类任务[15]。

我国基础网络设施的不断改善和互联网用户及互联网使用场景的不断增加，推动着互联网上的文本信息的数据规模也在不断攀升。在这样迫切的需求下，文本分类成为对其进行处理的关键技术。近10多年来，由于计算机软、硬件技术的发展，计算能力也在显著提升，为文本分类技术提供了技术条件和新的想象空间。

迄今为止，浅层和深层的各种文本分类技术层出不穷。如K最近邻（KNN）[16-18]、支持向量机（SVM）[19]、朴素贝叶斯（NB）[21-22]等。1998年，有学者在文献中[23]提出了CBA分类方法，启发了后来的学者又研制出了更多相关技术，如CAEP[23-24]、JEP[25]、DeEPs[26]、CMAR[27]和用于文本分类的ARC[28]。对中文文本分类问题的研究尽管已有一些成果[11, 29-31]，但由于没有采用统一的标准语料进行评价，所以很难在这些成果之间进行比较。2018 年，Google 开源的 BERT 双向自编码变换器更是将文本自动分类的准确率提升了 10% 以上，深度学习方法开始在文本分类领域大显身手。

（2）文本聚类

不同于文本分类算法在进行分类之前需要确定类别的数量及每个类别大致的特征和意义，文本聚类算法作为典型的自适应的无监督学习方法，是不需要这些烦琐的事先约定的。其具体规则是通过将随机初始化设定的簇的中心点和文档的集合（簇）不断地迭代，从而最终将文档集合分成若干个子集合（簇）。这个聚类过程的目标还包括使得最终相似性高的任意两篇文档一定在同一个簇中，而相似性低的任意两篇文档一定不在同一个簇中。在聚类过程完成之后，再通过其他的诸如采样等方法，研究并确定每个簇的文档的共同特征。在以往基于统计和机器学习的方法之上，开始逐步流行起基于深度学习的新一代聚类算法。统计方法的理论基础是数学领域中的几何距离，如广义欧氏距离、海明距离等。但是，正是因为目标过于高远，传统的聚类方法在实际应用场景中并不理想，具体体现在以下几个方面。

① 搜索样本空间时所采用的方案接近于暴力算法，效率很低；

② 在高维空间中很多相似性标准都会失效。

虽然文本聚类在输入数据过于庞大的时候存在明显不足，但与文本分类相比，它可以直接用于未经人工标注的数据，降低了文本处理的成本，因此仍然是自然语言处理的主要手段。利用一些聚类算法的无监督性质，Nigam 等在其基础上提出从有标签和无标签的混合数据中训练分类模型的方法[32]，从而实现对于有标签数据的更大程度的利用。这种方法也被称为半监督学习。

文本聚类包括以下 3 个步骤。

① 特征抽取。文本特征由一组精心筛选的文本特征向量组成。从训练数据中选取的特征质量，将会直接影响聚类结果的质量。如果选取的特征与聚类目标相关性较差，最终的聚类结果就会变差。所以，合理的特征选择策略非常重要，而鉴别质量好坏的根本标准就是让同类文本特征向量在特征空间中的距离较近，异类文本特征向量距离较远。

② 进行文本聚类，得到聚类结果列表或聚类谱系图。聚类算法的本质是挖掘数据中自然存在的分类趋势，根据整个数据集合在特征空间中的结构特征，将数据集合分为几个部分或类别，并形成列表或者谱系图。

③ 选取阈值得到最终聚类结果。在②中得到结果的基础上，领域专家凭借经验，并结合具体的应用场合确定阈值。之后通过将阈值代入算法进行最后的处理步骤，就可以得到最终的聚类结果。

常见的聚类算法一般基于以下几种原理[33]。

① 平面划分。在包含n个样本的样本集中划分出k个子集，每个子集恰好涵盖了一个种类。其中，常见的算法有k-means算法、CLARANS算法等。

② 层次聚类。它主要使用了层次分解的方法，又可分为聚合层次聚类和拆分层次聚类。这两者的主要差别是分解方向不同：聚合层次聚类是自底向上的方法，如AGNES；而拆分层次聚类则是自顶向下，有BIRCH、DIANA、CURE、Chameleon等。

③ 密度划分。它解决了平面划分法只能发现球型点集，而缺乏对于其他复杂形状点集的识别能力的问题。而它之所以取得了上述成果，主要原因是它放弃了基于欧式距离的相似度标准，转而将两个样本点之间临近区域的样本密度作为相似度指标，通过不断扩展初始聚类簇实现聚类，并保证任何一个点集内的样本数量不会小于给定值。DBSCAN是其中性能较好的代表性算法。

④ 网格化方法。它受启发于有限元思想，采用单元格大小可变的网格数据结构，将样本空间依照各个区域所包括的样本数量，逐步分割出恰当大小的单元格并划分到数据结构中，直到整个空间全部被网格覆盖。然后再在网格水平上进行聚类过程，典型的算法有STING算法。

⑤ 模型化方法。它基于以下理论假设：对数据中的每一个类别都可以提出一个模型，并假定在整个数据集中所有最符合该模型的点都必然属于这一类。从这种思路出发的模型化方法，还可以融合多种不同的分类方法，将不同的方法作用于不同的类别上。如CLIQUE算法就融合了基于密度的和基于网格的两种聚类方法。

文本聚类有着同样广泛的应用。

① 改进信息检索系统的准确率（Precise）和召回率（Recall）[34]。

② 对大规模文本集进行分类和阻止[35]。

③ 改进搜索引擎的搜索算法[36]。

④ 描述文本集的层次型结构[37]。在带有人工标注的数据集上发现数据模式[38]，然后利用得到的模式知识改进文本分类器。

⑤ 文本去重。可以根据相似性对文本进行聚类，只取出距离聚类质心最近的文本，就能达到去重的目的。

（3）文本关联分析

指从文本数据集中找出两两之间，或者多个之间关系密切的词语组合。Feldman和High认为该领域包含了名为“分布分析”，又叫“趋势预测”的技术。分布分析是指分析文本中特定统计量在以往时刻的取值，并进一步预测未来趋势的技术。

文本数据可视化（Data Visualization）。它指的是利用图形图像学技术，结合数据挖掘和整合技术，将数据转换为交互性的表格甚至视频等现代化的多媒体信息。

1.2.2　国外相关技术研究现状

国外潜在语义挖掘技术的研究始于1988年，在算法本身的改进和创新方面，国外的研究明显领先于国内。

如Bruce Hendrickson提出的Fiedler LSA方法及Chen X提出的Sparse Latent Semantic Analysis等。在科技信息语义挖掘应用方面，国外在专利语义挖掘、科技信息可视化、流行病学研究、情感分析、自动摘要等方面都有较为深入的研究。

2016年9月28日，Google首次公开介绍了自动辅助翻译系统。据称，使用来源于各大新闻和百科网站的测试数据，在人工提供测试反馈的帮助下，通过不断的系统迭代，该系统惊人地将错误率降低了85%左右。然而在极高的正确率背后，该系统仍会产生将“我想下班”翻译为“I want to work”这种完全错误的翻译结果。百度2015年就对于其在线神经网络翻译系统在ACL会议上发表论文“Multi-Task Learning for Multiple Language Translation”。该系统的主要成就是部分解决了多语言翻译及语料稀疏的问题，从而得到业内研究人员的极大关注。Google和Bengio的机器翻译方向的研究团队都关注了该论文，并在此基础上进行了扩展性研究。

随着高通量测序技术和生物信息学的快速发展，核酸测序和蛋白质序列与结构数据正在飞速增长，目前生命科学领域的工作节点的普遍研究方法是研究发掘这些基因数据的生物学解释，以及海量生物数据间的相互关系。为挖掘出这些极具应用价值的知识，研究人员提出了很多生物信息学领域的生物数据库和分析软件。基因数据和自然语言文本都具有序列化特征及非常丰富的潜在语义和相互关系，并且在人类的医疗活动中产生了海量的医疗文本数据如病历、药方等，因而对于领域内文本数据的挖掘也正在成为生物信息学新的研究热点。

近20年，文本挖掘领域不断有新的革命性的技术创新和突破。从功能结构上说，它包含了数据挖掘技术研究和信息检索技术研究。而文本挖掘与传统数据挖掘方法的差别，正是源于文本数据与一般数据的巨大差异。传统数据挖掘任务面对的是结构化数据。而文本数据没有直接的结构特征，如果把它直接转换为词袋模型这种最基本最直接的特征，特征数将随着文本的长度而近于没有上限的线性增长。所以，文本挖掘既采用了很多传统数据挖掘的技术，又必须在此基础上面对新的问题提出新的解决方法。它所研究的文本数据库，其中的数据由海量异源异构的文档数据构成。而这些文档都必然包含元数据形式的结构化的外部数据，以及摘要和正文等纯文本数据。

文本挖掘（Text Mining，TM）领域的研究从计算语言学、现代统计学理论出发，结合最先进的计算机应用技术，从文档集中发现隐含知识结构和模式。在它的处理过程中，数据从文本信息描述到高价值的结构化知识信息，并最终形成可被人理解的数据。其主要流程步骤包括对数据的预处理、特征提取、篇章数据分类、文本数据聚类、逻辑结构分析、自动篇章摘要生成等。

在用户画像自动生成的研究中，文本挖掘技术还可以通过分析用户行为，如网上近期浏览和购买记录等信息，帮助商家更好地管理自己的客户并进一步挖掘潜在客户。如Web文本挖掘技术就是从网络文档和用户网上浏览活动中发现、抽取有价值的信息，如潜在客户等。它还可以对网上文档集合的内容进行知识总结、结构发现、分类聚类及趋势预测等。

文本检索领域的经典研究方法是对某个文档的文本信息和元信息的记录、存储、索引和重访，并根据用户的检索意图和检索限制条件，从知识库中检索出与用户意图有高相关性的数据、图书或者其他形式的信息资料。检索模型有以下几类：最简洁的是以匹配严格著称的布尔模型；向量空间模型着眼于抽取向量化特征并降维再进行后续处理；概率模型则是利用了词集和文档间的相关性关系。

文档自动摘要也是文本挖掘领域的一个主要方向和用户场景。它是指通过计算机技术，从文档中抽取关键的有价值信息，并将其转化为简洁而结构化的组织形式，使得用户不需阅读全文就可了解文档或文档集合中的主要信息与观点，从而提升用户的阅读效率。文档自动摘要的终极目的是挖掘出文本的树型逻辑结构表示，树的根节点是篇章主题，从根节点到叶子节点依次为各个层次和段落。在现实中，从每篇文章中都能找出一个句子，该句子能够代表整个文章的内容和观点，这样的句子被称作“主题句”。它可能出现在任何位置，但实际上大多位于文章的开头或末尾。而对应的，一段文字的中心句也基本会出现在段首或者段尾。因此，文档自动摘要生成算法会优先考虑这些位置的句子是否是主题句，并且在生成自动摘要的计算分值的步骤中，往往会给标题、子标题、段首、段尾等这些位置的句子较大的权重分值，并根据权重调整评价值，再根据各个句子评价值的排序，最终选择高评价值的句子构成相应的摘要文本。

文档自动摘要的方法有：从原文中直接抽取文本并组合而构成摘要的抽取法，以及与之相反的生成法。抽取式摘要的早期方法中为判断文本中句子的重要性常使用经典的图论方法，然后抽取出相对重要的句子组成新的文档以概括当前文档。生成式摘要是基于深度神经网络技术，利用循环神经网络、门限循环单元、长短期记忆网络等技术的序列生成模型。生成式摘要最大的缺点是需要标注训练语料提供给模型，但其准确率有革命性的提高。

文本挖掘所面对的文本数据，不仅存在量大的问题，而且这些文本中的各个篇章往往是异源异构的，文本中更是蕴含着复杂的语义关系，这些问题都是文本挖掘工作面临的根本性问题，学者们一直努力处理这些问题并取得了一定成果。在语义关系挖掘方面，其在原理上大致分为两条途径。一条途径是直接对非结构化数据进行挖掘和信息抽取，由于文本数据所包含的模式非常复杂而艰深，导致这种算法的复杂性相应也很高；另一条途径就是先通过语义和语法分析、实体识别等多种技术，将每一句话从非结构化的字符串形式转换为语义树的结构化形式，从而试图借助已经较为成熟结构化数据的数据挖掘技术进行挖掘，这也是目前许多主流算法的基本思路。

语义关系发现任务的解决方案常常集成了计算语言学和自然语言处理技术两个领域已有的研究技术和成果。文本数据是人类所使用的自然语言，它需要被数字化处理等方法加工后才能被计算机理解。文本数据的这些特殊性使得在文本挖掘之前必须要进行一些数据预处理工作。

在应用方面，信息抽取（Information Extraction）的一个基本应用是识别文本中出现的概念，这是自然语言处理的基本任务之一。例如，要从大量文献中挖掘出基因与蛋白质的相互关系，第一步就是从文本中找出代表基因序列或代表蛋白质的词语，然后再进一步挖掘这些词语所代表的基因序列和蛋白质的关系。因此，概念和数据的发现是文本挖掘的基础。哥伦比亚大学的Harzivassiloglou使用有监督式机器学习算法判断文档中出现的词语是否代表着某种信使RNA、基因片段，或者蛋白质结构与序列。他还发现在该任务中使用朴素贝叶斯分类和决策树算法所获得的效果接近，但是众所周知，朴素贝叶斯算法计算强度比后者会稍低一些。该方法类似于自然语言处理的命名实体识别任务，命名实体识别也是典型的信息抽取问题。命名实体识别算法能够自动识别文本中的人名、机构、地理政治实体、货币等多类实体，从而更有效地自动从文本中抽取出有用的信息。目前，业界最流行的做法是通过有监督的方法，首先标注个性化的实体及其类型，然后通过深度神经网络训练命名实体识别模型来预测新的实体类别。

文本挖掘及自然语言处理更高级的任务是在文本中发现文本之间存在的各种关系。如科技文献中的基因和蛋白质名称被识别出来后，下一步就是确定它们之间的关系。因为在文献中一定会出现“基因表达蛋白质”、“蛋白质是基因的转录因子”或者“蛋白质抑制基因表达”等关系，发现类似这样的关系对知识提取、知识图谱构建等任务都是不可或缺的。Blashke则采用了基于规则的方法从文本中挖掘和发现人体或动物组织中蛋白质间的关系。其原理是先构建一套规则，规则包括了哪些词可以代表哪些生物学概念，以及这些词在怎样的动词或者谓词搭配下是有效的。例如，该规则试图在文本中查找符合“[protein A] action [protein B]”这一规则的短语。Ng和Wong在生物医学文献中尝试寻找人体中Protein的代谢路径。而Blashke用该方法对细胞循环的控制过程相关文献进行了研究。最终他们利用了Fukuda的方法确定并查找到了蛋白质名称，然后基于预先设定的规则挖掘出文献中描述的一些蛋白质之间的相互关系。

总之，利用文本分析的结果已经成功提高了对于生物学文本数据的分析效果。在文章摘要中抽取文章主要讨论到的每个蛋白质，并为它们建立一个词向量，然后将蛋白质组分及其词向量表示作为成对数据训练一种支持向量机算法，预测特定蛋白质在11个细胞下的归属，并得到了比仅依靠分析氨基酸组分得到的结论更精确的结果。

不管是文本挖掘还是数据挖掘，都试图从大量的信息中抽取有价值的知识，两者的区别在于源数据是否是结构化的。从概念上看，后者处理的数据类型更广泛，因为是前者的父领域，但是后者更在乎结论的精确化和结构化程度。另外，在对文本集进行相关分析时，由于特征表达往往会损失文本中大量的有用信息，可能会从不同程度上影响文本挖掘的效果，目前在文本特征表达领域，业界已经有大量的探索，如新的词向量计算方法等，已经取得了惊人的效果。

1.2.3　国内相关技术研究现状

在国内，文本挖掘是自然语言处理的代名词。中英文文本在算法方面大多是一致的，即英文文本的算法和技术在中文文本上同样适用。所不同的有两点：

① 文本预处理有差异。对中英文数据进行预处理的具体方式是不同的。在英文数据的单词之间有自然的空格分隔，因此英文分词相对容易。而中文词汇之间无明确分隔符号，因此需要使用特定的算法模型才能实现高精度的切词。此外，对于英文数据中的单词还常常需要进行词干化处理，而对于中文数据则不需要此步骤。

② 在句法依赖分析方面，英文句法标准化程度较高，因此能够实现较高水平的句法依赖分析，而中文的句法依赖分析相对不完善。因此许多针对引文的句法分析下游任务效果并不理想。

每种语言的语法、语义都不尽相同，因此在语义挖掘方面所采用的技术也有差异。语义挖掘技术的出现，从一定程度上解决了传统关键词与语境上下文强连接的分离问题。由于大多数人类语言的字词具有多义性特征，很难将处理结果从特定的语境中分离出来，从而影响了语义相关下游任务的准确率。20 世纪末，基于高阶词共现的潜在语义关系发现算法，如深度语义挖掘算法LSI（潜在语义索引）和LSA（潜在语义分析）成为科技信息语义挖掘的主流技术。通过对向量化表示的文档矩阵进行处理，潜在语义挖掘算法能够构建反映文档及其包含词汇关系特征的概念语义空间，借以实现语义相似度计算、文档分类、聚类和语义检索等功能。

最近几年，潜在语义挖掘算法在科技信息分析领域得到广泛应用。典型的研究如基于LSA和超球支持向量机构建的自动文本分类模型；引入Frobenius范数规格化矩阵以改进LSI算法，并实现基于术语和文档相似度的双重语义检索；利用潜在语义分析（LSA）对微博主题进行层次聚类；基于双语平行文档分别构建语义空间进行跨语言文本处理分析；采用最大期望EM算法对潜在语义模型进行迭代拟合，改进文摘自动生成质量等。

上述研究的一个共同点是这些研究所涉及的文档或语料数量都在 10 000 条以下，有的甚至不到 1000 条，这在某种程度上受限于计算资源即算力的匮乏，如此小规模数据集产出的结果，其质量也很难保证。另外，虽然以潜在语义挖掘为核心的研究屡见不鲜，但产品化应用系统，特别是面向大规模科技信息处理的应用系统却极为少见。而大数据环境下的语义挖掘已成为科技信息深度应用必不可少的工具。因此，大规模科技信息处理的潜在语义挖掘技术亟待突破。

关于潜在语义挖掘技术不能用于大规模信息处理的原因，有学者研究指出，目前潜在语义挖掘是基于SVD（奇异值分解）构建语义空间的，而SVD是一个复杂度$O(n^3)$的算法，其中的n指的是矩阵规模。也就是说，计算的复杂度的增长程度和问题规模的3次方成正比，因此它不适合于问题规模较大的情况。另外，文档向量化形成的矩阵维度一般达到数万级，甚至十万、百万级，因此现有的潜在语义挖掘技术在应用于大规模信息处理时会出现运算时间超长，或耗尽资源而导致系统宕机等现象，无法得到运算结果。因此，潜在语义挖掘算法的高时空复杂度与大规模文档的大数据量之间的矛盾，成为该算法实际应用的关键瓶颈。特别是在现阶段大数据的处理和计算成为主流的情况下，其矛盾显得更为突出。

为解决这一问题，有学者提出基于P2P思想构建分布式的潜在语义挖掘算法，但未具体实现，也没有提出对其与运行性能的预测。经典的大数据计算框架Map-Reduce可实现算法的分布式计算，但每次Map-Reduce完成时，都会涉及写、读文件操作，因此应用于潜在语义挖掘也不理想。

从语义空间构建的角度看，似乎潜在语义挖掘算法处理的语料越多，其反映的语义特征越接近真实情况。但语料的数量与挖掘得到的语义空间概念主题的准确率之间究竟存在怎样的关系？是线性的还是非线性的？随着语料数量的上升，概念主题的准确率会随之上升还是会到达瓶颈？基于语义空间的语义检索，其准确率跟语料数量又有怎样的关系？是否会得到意想不到的深层次语义关系？这些问题的答案会直接影响到所有基于潜在语义挖掘算法应用的质量。

1.3 研究意义

本研究的主要目标是研究、改善并实现潜在语义挖掘算法的分布式并行计算，用较低的成本实现潜在语义挖掘对大规模（百万数量级）科技信息文档的处理，在此基础上精确揭示科技信息语料数量与概念主题准确率和语义检索查准率之间的关系，为大数据环境下的科技信息深度语义挖掘研究与应用提供依据。通过实现潜在语义挖掘的分布式并行计算，研发了面向大规模科技信息文档处理的潜在语义挖掘系统，为发现大数据环境下潜在语义挖掘的新规律和优势提供了工具。

基于研究的实际目的，采集了足够的训练语料以实现潜在语义挖掘算法的训练和测试。考虑到后续研究需要发现大规模语料语义检索的特征和规律，研究所使用的语料收集工作主要限定于某具体学科领域，以便缩小调研评估模型效果所需调查的专家用户和一般用户的专业范围及人员数量。在项目实施过程中，本课题研究小组通过项目积累、购买、手工采集共收集专业文献 20 多万篇，主要数据来源为 Web of Science 和 NSTL 数据库，其中 61 769 条记录是根据专业期刊检索收集，约 70 000 篇是以前采集的专题分析文献数据，其他的以关键字检索方式收集。所用的训练和测试语料主要是文献信息中的摘要字段。

本书实现了对大规模科技信息文档语料进行分布式潜在语义挖掘并行计算的方法，从而能够发现大规模科技信息语料的处理和分析即大数据环境下在深度潜在语义挖掘技术的作用下，科技信息中隐藏着的规律和特征。研究重点在于通过算法改进实现了大规模科技信息文档语料的潜在语义挖掘，并收集不同数量语料所对应的概念主题准确率、语义检索查准率数据，利用大规模语料的处理分析，发现科技信息所隐含的规律和模式。

从具体的研究效果来看，研究的实际意义主要体现在以下 3 个方面。

① 研究精确揭示了大数据环境下潜在语义挖掘所处理的科技信息数量与概念主题准确率及语义检索查准率之间的关系，为大数据环境下的深度语义挖掘技术的研究与应用提供了直接依据。

② 研究实现了低成本的潜在语义挖掘算法的分布式并行计算，解决了潜在语义挖掘技术无法在大规模科技信息数据集进行语义挖掘应用的问题。

③ 研究研发了能够处理百万数量级科技信息文档的语义挖掘软件系统，能够为科技信息语义挖掘的后续研究提供工具，为相关系统的研发提供样例。

第二章

关键技术发展历程

笔者认为，文本挖掘的发展大致可分为如下 3 个阶段：

① 以语言学为主要基础的时代（过去）；② 以统计方法为主流的时代（现在）；③ 基于深度学习方法的时代（不远的将来）。

在检索模型和系统构建领域，传统的检索模型主要使用了互联网搜索引擎的特征计算技术。对于互联网搜索引擎结果的查询排序是互联网搜索引擎最核心的功能，也是展现影响搜索引擎结果的主要手段和组成部分，很大程度上决定了搜索引擎的质量和性能好坏并决定了用户的体验度和满意度。在实际的工程实现过程中，影响互联网检索引擎结果查询和排序的相关性因素中最主要的是以下两个。第一个是查询词和网页链接的情况，第二个是用户查询和网页内容的相关度。在对互联网查询词和网页内容搜索的领域，判断查询词和网页内容的相关度，以及判断查询词是否和用户需要查询的文档相关，主要依赖搜索引擎所使用的的互联网检索引擎模型进行判断。而互联网检索引擎模型本身就是互联网搜索和引擎的相关性理论研究基础，它为了帮助量化在搜索场景下查询词和文档的相关性，提供了各种实用的基础理论，还有提取特征值的方法。它是通过特征向量对查询词和网页内容文档之间链接进行相似度特征计算的技术框架和一种计算方法。检索模型其本质意义就是相关度的建模。图 2-1 显示了互联网检索引擎模型在互联网搜索引擎信息系统的架构中所处的重要位置。

检索模型隐含假设本质就是一种理想化的查询词假设，它的含义即每一个用户的检索需求或检索意图已经通过“查询请求输入”清晰明确地直接表明了，所以建立检索查询词模型的主要任务并不涉及对每一个用户的查询词需求进行建模。但在实际检索应用的过程中需要检索的模型与提供给用户的真实检索意图的查询词可能相差甚远，即便是使用相同的模型检索查询词，不同模型给用户的查询词需求甚至同一用户的不同检索需求都很有可能差异很大。另外，用户检索过程在某种程度上是用户的学习过程，是一个循序渐进的过程，而检索模型对此过程也毫无助益。

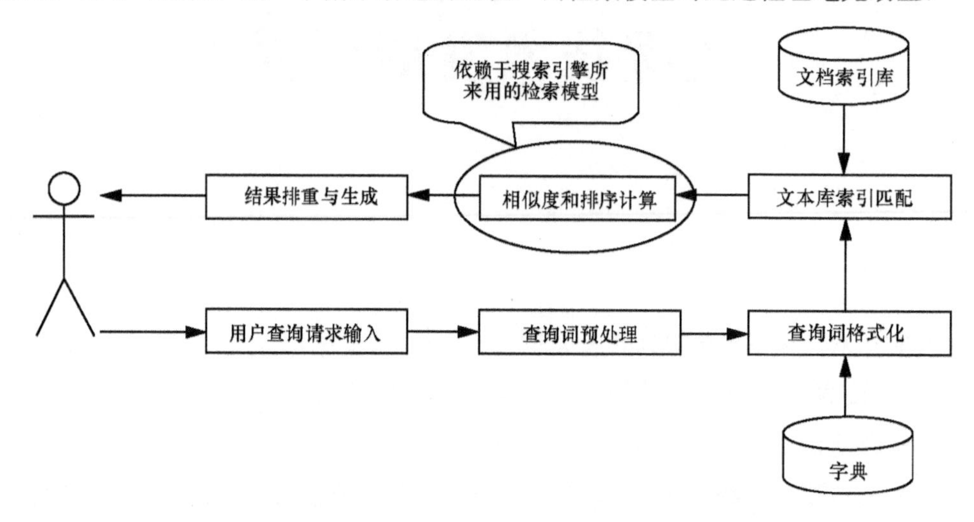

图 2-1　检索引擎模型在搜索引擎信息系统架构中的位置

检索理论模型从其原理上大致来说可以划分为：

① 语义集合论模型（Set Theoretic Models），如模糊集模型、布尔模型、语义扩展布尔模型和基于模糊集的布尔模型；

② 基于神经网络代数论模型（Algebraic Models），如潜在的语义索引神经网络模型、基于向量和空间的模型和基于推理神经网络的模型；

③ 基于代数论及语义概率集合统计的语义IR神经网络模型（Probabilistic Models），如回归模型、概率模型、语言学理论和模型、推理神经网络的模型和基于高信任度语义神经网络模型。目前，业界较为成熟和主流的是布尔模型、向量空间模型、概率（主题）模型和神经网络模型。下面主要介绍相关模型及其关键的发展周期。

2.1　关键词检索技术的发展

在互联网刚诞生的早期发展时期，网站数量很少，受技术条件限制，网站上也没有太多信息，这时候在互联网查找信息相对容易。但是随着互联网技术多次革命性革新，互联网高速路变得越来越宽，网上的信息量也开始呈现指数级增加，如今网络用户想要不借助任何搜索引擎或者门户网站等工具而直接找到目标网页或者目标信息，基本成为不可能的任务。因此，为了满足我国人民互联网信息收集和检索需求，各种专业性大型搜索引擎和网站便应运而生。

在信息检索模型中，布尔模型是最简洁的模型。它源于集合和代数理论，其必不可少的步骤是用组成句子或者篇章的单词集把文档和用户查询表示出来，并将用户查询使用包含与或非等布尔运算符组织为检索表达式，从而可以通过计算检索表达式和各个文档之间的相似性和相关性，找到符合用户查询目的的文档。如查询词为：iPhone and iPad 2，文档集合为以下内容。

Doc 1：iPhone 5，也就是第五代苹果产品，于 10 月 13 日问世；

Doc 2：苹果公司在推特上公布将于 9 月 13 日正式发布自己的最新一代产品 iPhone 系列产品；

Doc 3：iPad 2 将于 3 月 11 日在美国市场以首秀的方式闪亮登场；

Doc 4：iPhone 和 iPad 2 的外观重点突出了设计感和手感的完美结合；

Doc 5：年轻人都喜欢使用 iPhone，但却很少有吃苹果的习惯。

根据布尔模型计算的单词与文档关系如图 2-2 所示。

	DOC 1	DOC 2	DOC 3	DOC 4	DOC 5
苹果		√			√
iPhone	√	√		√	√
iPad 2			√	√	

图 2-2 单词—文档矩阵关系

检索结果就是 Doc 2 和 Doc 5 满足搜索条件。布尔检索与对高级数据库的传统式检索方法是类似的，都属于精确的匹配方法。以往的主流商业搜索引擎中对于数据库检索的高级检索技术常常是以布尔模型为基础构建的改进的高级检索方式，如美国谷歌就使用了该技术。布尔检索的主要优势是检索式的形式简洁、检索系统构造简单，但是因为过于强调准确的匹配而可能导致大量基本符合检索者意图的信息被检索系统给排除掉。造成这种缺陷的内部原因之一是布尔模型在判断单词与文档相关性的时候，只能够给出相关或者不相关两种结果，但是单词与文档之间的相关性是多种多样的，因此使用一个表示范围的整数或者浮点数来表示两个相关性的强度，而不是使用布尔值简单地进行二分类，才是更加自然和可靠的方法。所以，布尔模型并不能很好地适用于信息表达式检索的应用场景。另外，布尔表达式本身虽然逻辑清晰，但是要求用户将自己的检索意图通过布尔表达式的形式写出来却有着很大的难度。对此，一种需要改进的信息检索方法之一就是给文档中的索引词进行加权以改善信息检索的效果。

字符串匹配问题在计算理论和算法理论的发展初期是非常重要的研究课题，即便到了现在也还是算法领域的经典启发性教材。它的解法是解决文本编辑、数据查重、数据检索和符号操作等许多问题的基础，同时在信号处理、计算生物学中的基因序列分析和比对，以及光学字符识别（OCR）智能纠错等领域也都有重要作用。对它的早期研究多为通过精确匹配方法进行求解。S.S.Cook 在 1970 年从理论上证明解决单模式匹配问题的算法复杂度的下极限是 $O(m+n)$，从而为字符串匹配算法的发展奠定了理论基础。受到该研究的启发，以后的学者们相继提出了具体的算法构建方法来逐步逼近该下限。这些成果包括构造 KMP 算法、BM 算法，利用位并行方法设计的 Shift-And 和 Shift-Or 算法，以及基于子串搜索的 Backward Dawg Matching（BDM）、Backward Nondeterministic Dawg Matching（BNDM），利用自动机的算法和利用 Factor Oracle 的 Backward Oracle Matching（BOM）算法。

字符串匹配问题的求解思路可以分为以下几种：自动机、动态规划、位并行运算、过滤等算法。Boyer-Moore 算法是其中一个代表性算法。B.Boyer 和 J.S.Moore 合作并在 1977 年的时候总结出了该算法。该算法的明显优势在于它仅仅对于一般都是几个字长度的索引关键字进行预处理，而对于被索引的海量文本数据，都是不需要进行预处理的，这个特点大大节约了算法的运行时间。尽管它的运行时间还是和被搜索字符串长度线性相关，但它在运行过程中并不逐一对比查询词和被检索数据库，而是跳过被检索文本数据的大部分内容。搜索的关键字越长，该算法相比其他算法的优势越明显。而且对于曾经失败的匹配尝试，该算法还能从中吸取教训并改善检索算法本身，因而随着运行时间的增长其检索效率还会进一步提升。

现代传统意义上的万维网络搜索引擎算法部分起源于在1990年由美国蒙特利尔大学的学生Alan Emtage发明的archie搜索算法。当时现代化网络体系尚未形成，但是网络中对文件传输的需求量很大，这些文件大量散布在局域网的服务器存储中，不能提供对联合文件的查询服务。于是Emtage研发了用文件名查找文件的搜索系统，其中的搜索算法本身就是著名的archie搜索算法。archie搜索算法依靠搜索脚本或者应用程序自动搜索各FTP主机服务器中存储的文件，然后对它们按照文件名建立索引，用户可以直接编写相应的查询函数表达式在其索引中进行查询。之后，美国内华达州大学的管理人员在1993年模仿archie开发了搜索引擎工具System Computing Services，它将搜索和索引的范围从服务器内的文件扩展到了网页数据。

世界上第一个，也是首个能够用于自动监测全球互联网的发展速度和规模的实时化应用程序是WWW Wanderer。最初其用于开发的目标是能够用来检索并统计本地网络和相邻网络上的服务器域名数量，后来由于效果突出被改进推广，进一步用来检索并自动统计网站服务器域名的应用程序。Martin Koster于1993年10月受其启发做出了更强大的应用程序ALIWEB，它被认为是archie在HTTP领域的扩展版本。但ALIWEB程序中没有使用自动化子程序对网站链接和数据进行收集或者建立网站链接索引，而是通过服务器向网站主动提交链接和数据的方式来收集或者建立网站链接和索引，而这也是目前大部分专注于搜索网站的引擎正在广泛使用的一种索引方式。

随着移动互联网设备的迅速普及和网络爆炸式的产业发展，检索互联网上出现的多媒体和富文本信息的难度不断加大。工程师们在这个趋势下，结合已有的Matthew Gray和Wanderer技术，进一步创新，做出了基于传统的“spider”网页信息检索应用程序。其思路主要是利用大部分网页中都会有的连接其他网站的链接内容，从一个网站开始搜索到多个它链接的网站，把一个网站的起点链接作为一个起点跟踪器进行连接，再经过多轮迭代，就能搜索到大部分的互联网网页。在1993年，使用同样原理的其他搜索引擎程序陆续诞生，JumpStation、The World Wide Web Worm（简称为“WWW Worm”，之后演化出了Goto，现在名为Overture）和Repository-Based Software Engineering（RBSE）爬虫程序都是其中的典型代表。但是JumpStation和WWW Worm实现的最终功能只是为用户找到网页索引数据库中与查询关键词类似的网站地址并将它们按照相关性强弱从前到后返回给用户进行进一步的搜索，因此它们并未进一步挖掘系统各个索引项之间的潜在关系。而RBSE搜索引擎最早提出通过衡量匹配程度来进一步优化搜索结果中的排序方法。1994年4月，斯坦福（Stanford）大学和加州大学的美籍华人杨致远（Jerry Yang）及Davidfilo共同出资创办了现代化商业搜索引擎Yahoo，其建立了效率极高的超级目录索引系统，在用户群体中引起了强烈反响和好评。而真正的现代传统意义上的信息搜索引擎程序出现于1994年7月。当时Michael Mauldin将John Leavitt的自动化信息爬虫机器人子模块加入其搜索引擎的算法组成部分，创建了著名的Lycos引擎。从此全文搜索引擎技术快速推广，成为互联网时代的重要基础设施之一。

进行全文搜索引擎的"spider机器人"是一种运行在网络上的程序，也就是现在我们常说的爬虫程序。它常常遍历网络空间或其特定部分：通过路由器或地址服务器获取指定IP地址范围内网站，然后沿着各个网页内的网址链接不断跳转到其他网页和网站，收集相关资料。为了保证网页采集的数据和信息都是最新的，以及信息的完整性和有效性，该技术和改进的程序还能定期回访已经被抓取过的网页。爬虫类应用程序想要处理分析抓取的网络网页，需要直接利用相关度较高的算法对采集器进行大量的计算，然后才能建立采集器网页的索引，将其存储到采集器的索引数据库中。人们常见的搜索引擎实际上是搜索引擎系统的用户接口，当搜索用户在其中输入需要检索的关键词时，系统会从现有的索引数据库中检索匹配的所有网页，并将它们按和索引词的相关性进行排序，再按特定的规则整理语法格式并输出，提供给相应的用户。

分类目录也是传统搜索引擎提供的服务之一，分类目录服务通过目录层次结构组织相关网站，检索式也是以浏览目录下的网站的形式实现网站定位。目前，几大国际主流的搜索引擎上的搜索网页都提供了搜索分类目录和可以查询分类目录的搜索服务。基于分类目录的检索查询工作的处理过程也同样可以再细分为收集信息的分类收集、目录信息的分析获取和对分类目录信息的分析查询。传统的分类目录数据的采集制作主要依靠专业人员通过人工的方式完成。目前市场上主流的全文检索做法一般是由收录管理员通过全文索引分类目录管理员数据库接口，将录入某网站的请求提交给目录管理员，然后网站目录管理员会进行审核，如果通过则要求相关编辑人员收录该站点，并将该目录收录网站的信息存放在了相应目录的类别中。用户以关键词查询搜索分类目录中的网站信息时，可以在搜索框中输入搜索词进行直接搜索，也可以在分类目录中找到目标网站所在类别后再进一步进行查找。

简言之，分类目录的网站查询服务就像一个电话本，将搜集到的网站按照性质分门别类地组织好后展示给用户，通过有层级有结构的展示方法方便用户快速找到目标网站和网址。用户在不能够将索引意图抽象成关键词的时候也可检索，这时候需要到所在种类目录中逐步确定子种类缩小搜索范围，直到最后找到目标网站或网页。现代的主流商业搜索引擎已加入超链分析技术，在分析网页含有的文本之外，还能查找分析所有指向该网页的链接的地址、链接名，甚至与链接相关的文字。举例来说，即使网页A本身并没有出现与“新闻”相关的任何内容，但网页F却有一个跳转到网页A的链接并且链接名为“新闻”，那么用户搜索“新闻”时就会找到网页A。而且，越多网站中有名为“新闻”的指向A的链接，那么就会认为网页A和“新闻”越相关。

Google起源时的核心功能模块PageRank，又称佩奇排名，在上述的各种技术基础上又更进一步，利用和挖掘了网页间更加潜在的关系信息。它也是利用网页内的超链接联系来挖掘其隐藏结构。具体来说，将一个链接视为一个网页对另外一个网页的重要性分数的“投票”，如页面A为B增加分数的行为包括拿链接直接指向B或者它指向的网页中又有链接指向B。系统在每次迭代步骤中根据来源页(甚至来源页的来源页)的重要性分数和数量来更新目标页的重要性分数。在整个递归性的权重计算过程结束后，代表着各个网页在整个网络中重要性的量化分值由所有直接和间接链向它的页面的重要性权值来决定。一个网页的重要性权值如果很高，那么它在现实中往往也会和更多的人密切相关，并对社会中各种活动有着较大的作用。2005年，Google为网页链接添加了新属性Nofollow，使得各个网站的管理员可以将自己网站中跳转到其他外部网页的链接属性设置为“非关注”，从而不在上述权重计算过程中为链接到的网站贡献重要性权重。该措施是为了更好地抵制垃圾评论信息。

搜索引擎的工作流程由3个步骤组成：① 利用爬虫子程序收集网页信息。② 建立网站信息索引和相关数据库。③ 在数据库中根据用户的搜索关键词进行查询并将结果排序。第一步，利用爬虫程序，从特定IP地址范围内存在的网页开始，利用网页中的URL不断跳转到相关的网页，并在访问网页的过程中不断收集整理信息，继续跳转到新的网页重复该过程。第二步，分析爬虫获得的信息并将结果整理后写入数据库供搜索引擎在搜索时直接查询。对网页信息的分析采集主要包括提取相关信息（网页地址与编码、页面文本中特征性强的信息、与其他网页的链接网络关系、网页最近更新时间等），再把这些数据和它们所在的网站数据一起输入搜索引擎内的相关性计算系统，得到网页和关键词组成的组合的相关度并将其加入索引数据库。第三步，搜索引擎对用户搜索做出响应，通过在检索库中查找和用户查询相关性高的网页，以规定的格式反馈给用户。

搜索引擎为了保证查询结果的实时性和有效性，一般会设置其爬虫子程序定期重访已收录内容所在的网页（各搜索引擎的更新算法不同，它们之间定期更新的周期差别很大，还可能会对重要的网站如“中国气象预测发布网”进行高频重访），更新数据库中的相关内容，再将所有查询得到的内容根据它们和链接关系的相关性变化重新排序。搜索引擎之间的差异性还体现在各搜索引擎的内部计算机系统的性能、算法和参数都各不相同，所以抓取的网页并不相同，排序结果更是差异极大。

现在诸如谷歌类的商业搜索引擎的数据库数据量已达到几百万亿，储存了互联网中上百亿网页的相关索引。即使其中最大的搜索引擎数据库，也只能覆盖互联网全部网页的1/4。其根本原因是一些网站需要各种身份认证后才能进入，或者根本不会对其所属机构的外部人员开放，诸如一些机构和组织的内部网站。

2.2 概率主题模型

现实语料中，一篇文章通常会讨论多个话题，这样它也就有了多个主题，而且每个话题所占比例各不相同。所以，如果一篇文章30%的内容和科学相关，60%和艺术相关，那么和艺术相关的词汇在文章内出现的总次数就会基本是和科学相关的词出现次数的两倍。主题模型使用数学概率上的理论来描述这样的关系并对其进行了进一步的研究。主题模型（Topic Model）是用来从一系列文档中发现抽象主题的、基于概率的统计模型，在主题分析领域概率主题模型是最经典的、效率最高的模型，其中的Okapi BM25 模型已经广泛应用于各类搜索引擎的网页排序算法中。

概率主题模型受到了概率排序原理的直接启发。一篇文章的某个主题的相关词语会在文章中频繁地出现。例如，一篇文章是讲狗的，那“遛狗”和“狗粮”等词出现的频率就很可能会较高。如果一篇文章是以描述猫的行为为核心的，那“逗猫”和“猫粮”这些和猫相关的词就很可能会有较高的出现频率。而有些词如“这个”“和”等在两篇文章中出现的频率会大致相等。

该模型的基本理论假设和前提条件为以下几个方面。

① 相关性独立理论原则：被确定检索式的其他文献相对某个确定检索式的其他

文献及其相关性实质上完全是独立的，与被确定检索式的文献属于集合体系中的其他被确定检索式的文献完全独立无关。

② 文档中单词的相互关系独立性：文档中直接出现的两个单词之间没有直接的依赖关联，任一单词在一个文档或者检索式文件中的直接出现和依赖分布的直接概率不依赖其他文档或文档检索式中直接出现的某个单词分布的概率。

③ 衡量文献相关性的标准是二值的：一篇文献要么和检索意图相关，要么就完全不相关。

④ 概率性文档合理排序：检索系统应将所有和检索主题有相关性的结果进行排序，把符合条件的所有文章按概率相关性降序方式进行排列，相关度高的概率性文档一般会排列在前面。

⑤ 贝叶斯（Bayes）定理。用公式表示为：

$$P(R|d)=P(d|r)\cdot P(R)/P(d)。\quad (2\text{-}1)$$

搜索引擎中，贝叶斯定理的基本思想是通过概率的方法计算、查询与文档之间的相关程度。核心是通过概率的方法将查询和文档联系起来，给定一个用户查询需求，如果搜索系统能够在搜索结果排序时按照文档和用户需求的相关性由高到低排序，那么这个搜索系统的准确性是最优的。在文档集合的基础上尽可能准确地对这种相关性进行估计就是其核心，因此在搜索引擎设计中应在文档集合的基础上尽可能准确地进行相关性估计。

贝叶斯模型本身有着其突出的优点。首先，该大数据模型基于严格的系统数学理论提供了严谨的、完整的大数据理论模型，进行了检索分析决策；其次，采用相关数据反馈的原理对大数据结果的准确性进行了调优；最后，其计算过程中用到了两个词的相互依赖性及其相互关系。

但是我们不能因此而忽略贝叶斯模型的不足。该模型计算复杂度大，所以如果将模型网络设计得过大就会出现模型运转非常缓慢的问题。而且参数估计难度大，条件概率值难以估计，需与其他基于数据检索的模型紧密结合，甚至最后模型对于原检索系统的检索准确率和性能的提高也不够明显，等等。最关键的一点，贝叶斯计算的原理摒弃了词汇与上下文之间的环境联系、词语与单词之间的语义联系等特征，从而将一个单词与其上下文的环境特征联系割裂开来，导致单纯使用该模型条件概率值估计难度大，系统检索性能提高不明显，特别是与词汇语义特征相关的数据分析应用限制较大，该模型需与其他检索模型结合使用。

迄今为止，潜在狄克利蕾分布（Latent Dirichlet Allocation，LDA）和潜在语义索引（Latent Semantic Indexing，LSI）仍是该类搜索领域最经典的两大语义索引算法，其他的算法多脱胎于这两种语义索引算法，或受到这两种语义索引算法的影响和启发。LSI通过这种算法绕开自然语言的理解问题，以大样本数量的方式进行统计和分析，找出不同的语义单词（包括词组和短语）间的潜在相关性，以真实准确地反映搜索的结果与查询之间的潜在相关程度。单纯从理论上看，LSI的工作原理并不复杂，其核心是针对搜索引擎中的检索式构建索引数据库，在索引数据库构建的过程中增加了一个计算相关性的步骤，此步骤不仅可以统计分析检索收录的网页及潜在链接收录中的潜在语义关键词出现频词，还可以对比分析检索收录的网页与潜在语义索引数据库中其他内容的差异性，以辅助计算不同网页的潜在语义之间的相关性。同时，对比分析该网页与具有高精度的语义相关性的其他网页及链接，最后找出存在相同语义关键词的中间相关项，即找出特定的网页中虽然并不一定存在但与其他网页内容密切相关的语义关键词。该算法的本质就是通过利用中间相关词语的共现统计来辅助计算不同检索网页内容的相关程度。

大多数人更加关注LSI算法中的语义相关特征，但LSI的相关技术规范文档更多地明确强调了latent的一些语义结构特征，即潜在的、隐含的一些语义结构特征，而非简单直观的语义特征。如对“水”而言，与其简单语义特征相关性较高的语义很多，有可能是“热水”“凉水”之类，但与其潜在语义特征相关性较高的则可以包含“蒸汽”“冰”等，因此潜在语义特征与简单语义特征之间往往有着较大的区别。可以看出，虽然算法本身并不知道某个词究竟代表什么，不知道其具体意义是什么，但通过LSI算法，与单纯的关键词匹配相比，搜索引擎能够以一种更准确的方式判断结果与查询之间的相关性，从而给出接近用户意图的结果。因而，该算法的原理和实现从某种角度上更接近于人类的思维判断方式。

Google公司最先将LSI运用于其广告系统中的算法，作为网页文本广告数据分析算法系统，用于通过计算分析网页中可用的广告投放区域的文本环境和所有待投放广告之间的相关性，将广告投放在最合适的位置，从而最大化地实现广告的引流作用。最初该算法得到的匹配结果所能独占的广告权重很小。究其原因，也许是因为最初的LSI算法并不完善，用于广告场景虽然可行，但若用于排名则会出现问题，需要算法的不断改进才能在结果排序算法中逐步提高其权重。严格地讲，LSI并不是真正意义上的自然语言分析，但是其结果与真实场景不断接近。需要再次强调的是：在搜索引擎技术簇中，LSI发挥的作用从本质上讲是关键词匹配技术的补充，但并不能完全取代现有的关键词匹配算法。但是，引入纯粹的LSI匹配算法可能会大大降低和部分关键词相关的网页在SERP搜索引擎中的搜索结果排名，尤其是那些在文本中直接含有一些关键词，但是其“语义方面”或“潜在方面”却和该关键词几乎没有联系的网页。在这些因素的影响下，加大引入LSI属性匹配算法的权重有可能会直接导致搜索引擎结果排名发生很大变化。同样的搜索结果影响还可能存在于反向链接的文本中，如果一个关键词的网站/网页反向链接的关键词anchortext都是使用同样的反向链接关键词，则反向链接自身的价值和数量可能会大幅下降甚至缩水。

LSI算法出现后，Google对其网页搜索结果的排序算法进行了改进，将原先对最终网页排名影响微乎其微的LSI的权重加大。搜索引擎对特定网页中关键词的位置、超链接文本、网络资源地址等关键信息进行统计，从而实现对于网页内容的更精准的捕获和描述，当然，如上案例是在深度学习与训练词向量技术出现之前的技术条件下，搜索引擎对传统关键词检索改进所能达到的最佳效果。

主题潜在语义模型最初广泛运用于数学和自然语言处理的相关研究方向，但目前其实际应用已经进一步延伸至科学领域，如分子生物和信息学的其他相关领域。Papadiimitriou、Raghavan、Tamaki和Vempala在1998年发表的一篇学术论文中正式地完善了潜在语义模型的索引[39]。S.Deerwester，S.Dumais（1990）[40]等人研究了目前现代信息技术文档检索中存在的用户检索文档词序列与反向文档集的词序列相互匹配的效果及决定查准率的因素等基本理论问题，并提出了借助于文档中深层“语义结构”来提高搜索效果的解决方案。首先将用户检索文档词序列的表示转换成向量空间矩阵模型，具体做法主要是通过使用文档集的词频与反向文档集的词频（TF-IDF），将反向文档集转换表示成以用户检索文档集的数字为行、单词为列的向量空间矩阵，即用户检索文档词序列的向量，然后提出了使用奇异值分解（SVD）的方法。

SVD基本公式是$N=U\Sigma V^T$，式中U和V是正交矩阵，且$UU^T=VV^T=1$，$\sum$是对角阵，包含N的奇异值。经过SVD变换，可以将文档特征向量从词频向量的高维词向量空间转换为低维潜在语义空间向量，从而起到有效降维的效果。最终目标是在语义的空间中，找到一个词与词、词与文档、文档与文档之间的基本语义关系。

S.Deerwester和S.Dumais用MED语料库的文档进行试验，结果证明文档在该维度的准确性越高，LSI去除与该维度不相关的文档和无法检索匹配的文档效果就会越好。但他们也都承认该模型在理论上依旧无法处理一词多义问题，且其设计方法和算法的模型细节还有种种瑕疵。另外，还认为存在类似ISA的线性代数的奇异值分解（SVD）方法在概率统计学上也存在高斯噪声假设的缺陷和可疑性，而这很难在有限的文本类型和变量中找到合适的实验材料，从而验证其计算结果是否准确。

1999年，Thomas Hofmann[41]在之前这些研究的基础上，引入概率统计推断的LSA改进模型PLSA，提出了概率性潜在语义索引（Probabilistic Latent Semantic Indexing，PLSI）模型。该模型是为了改善与增强LSA模型的概率解释性，它保持了自动文档索引、构建语义空间和文档降维的优点，同时还利用潜在的层次模型提供概率混合组成分解，以似然函数的最优化结果为基础，配合EM算法开展适应模型拟合，为提高检索匹配结果统计推断的合理性提供了有效的方法。Hofmann分别以LOB语料库和MED文档作为测试数据，以复杂度为测量指标，对比评价了LSA和PLSA，发现PLSA的复杂度降低相比LSA更加明显，且模型匹配的准确率更高。但该模型也存在一些缺点，如模型中的参数数量会随着文本语料大小的增长而增长，导致没有较好的手段防止过拟合现象发生。

在主题模型的发展过程中，多名学者对PLSA中存在的多种问题进行优化改进，使得该模型在很多方面获得了提升。其中效果最出色的Blei等（2003）[42]的博士论文提出了LDA模型。LDA是一个三层贝叶斯模型，可用于文档分类、特征检测、自动总结、相似性排序等NLP任务。另外，它还尤其擅长文档建模、文档分类和协同过滤等。但是Blei提出Hofmann的PLSA没有提供解决文档间层次的概率模型的问题，因为LDA是基于词袋假设的，在该假设中文档内词语的顺序对文档检索没有影响（Salton et al., 1983）。在LDA中使用了变分法近似估计和EM算法推断经典的贝叶斯参数，基于经典的Finetti（1990）[43]定理，可以发现文档内部混合分布的统计结构，更好地解决文档建模、文档分类和协同过滤等问题。在文档建模方面，测试语料库选择的是TREC-AP语料库，测试指标是对比平滑混合一元模型和PLSA复杂度，结果显示LDA复杂度最低，模型表现最好。

在文档分类方面，测试文档是路透社新闻语料，指标是精确度和复杂度，依然显示LDA模型表现最好。当然LDA模型也有缺点，其劣势在于它的基础词袋假设允许多个词从同一个主题产生，同时这些词又可以分配到不同的主题。为了解决这个问题，需要扩展基础的LDA模型，释放词袋假设，允许词序列的部分可交换性或马卡洛夫链性。

由于LDA本身存在的问题，大量学者开始在原LDA模型的基础上进行扩展和改进，其中Blei对LDA模型的补充完善尤为引人注目。2005年，Blei与另外一名NLP专家Michael Jordan提出了层次狄利克雷过程模型，首次对层次化的LDA进行了详细的阐述。层次LDA模型与传统的狄利克雷分布（Ferguson，1973）[44]不同，它不但计算主题词项的分布，还能够确定从文档根到节点（主题）的路径，并参考分层因素。在LDA模型中，主题的数量是人为确定的，也就是说每个文档下面的词语所属的主题都来自这K个主题，但层次狄利克雷模型就是为了找出每一组数据中包含的聚类结果，从路径上选取叶子节点作为主题加入主题集合，算法基于该主题的词项概率分布再次生成对应的单词集合，直至生成的单词集合覆盖了整篇文档所包含的所有单词。因此该模型可以从语料库出发，不依赖其他信息源而直接确定主题的个数。

2006年，Blei在LDA模型的基础上开发了CTM（Corrected Topic Model）[45]，为了解决词项的主题相关性问题，CTM模型通过logistic正态分布归纳主题之间的相关性，推导引用了平均场变分推断算法接近模型的后验参数估计。Blei从*Science*的OCR'ed类文章中抽取1990—1999年的文档集合作为测试语料，结果显示CTM模型相比LDA模型的复杂度明显降低，其支持的主题数量优势更为显著。其不足之处在于只考虑了两个主题之间的相关性。同年，针对文档集的概率主题模型只是固定在时间节点处导致研究不足问题，提出了主题随着时间动态变化的动态主题模型DTM（Dynamic Topic Model）[46]，方法是使用主题多项式分布的自然参数的状态空间模型，通过实现基于卡尔曼滤波法和非参数回归，通过系统输入输出观测数据，对主题的后验参数进行最优估计，模型数据测试集选择的是*Science*上时间片段是1880—2000年的OCR'ed数据集，测试指标是负log似然值，显示DTM在动态主题上效果优于传统的LDA模型。但是DTM没有考虑单个时间片段内语料库中文档数目对主题数量的影响，也存在寻找最优时间切片方式的问题。

2007年，Blei在之前的模型成果中加入了有监督的机器学习方法，构造出了有监督的潜在语义挖掘模型（supervised Latent Dirichlet Allocation，sLDA）[47]。sLDA模型的训练必须使用有标记的数据集。为处理无法标记的后验期望值，它基于参数估计和最大似然函数的方法从而解决该预测问题。Blei利用sLDA模型进行的两个实验分别是用电影评论来预测电影最终等级，以及用文本描述来预测网页流行度。与无监督LDA模型相比，sLDA模型的最终预测效果整体优于LDA。

基于动态主题模型，Blei 于 2010 年改进并提出了文档影响力模型（Document Influence Model，DIM）[48]来识别语料库中最有影响的文档集，文档影响力与文档引用文献的数量和质量相关，因此DIM是与引文结合的主题演化模型。针对CTM存在的不足，同年Li W等开发了PAM模型，利用有向无环图（Directed Acyclic Graph，DAG）构建了对应的层次树，树中叶子节点代表文档中出现过的单词，而根节点则代表了相关的主题。PAM的主题既可能来自模型中的某个单词，也可能来自其他的主题，使得系统能够更灵活地描述主题的层次关系。该模型认为可以用DAG表示主题之间的关系，并将前面的层次树通过根节点合并的方法重新整理为有向无环主题图。

LDA可以说是主题模型的起源，在深度学习自然语言处理技术出现之前，大多数主题概率模型或多或少都由LDA演化而来。

所有信息搜索模型应用的最后一个步骤都是查询/检索与结果及之间相关或相似程度衡量与计算的问题。相似度的计算有很多种，如基于距离的计算、基于余弦相似度的计算等。计算文本相似度的时候，如果从向量空间模型出发，可以有以下几种具体方式。

（1）相似度计算的结果作为搜索结果排序的定量依据

搜索引擎接收用户的搜索请求后，将用户的查询词组和系统索引库中的网页信息进行相似度对比，从而把最相似（相似度值最高）的结果排在最前返回用户。

（2）主要使用的向量生成算法是词频－反向词频算法（TF-IDF）

TF-IDF算法基于以下现象：在所有文档中出现的次数越少的词，就越有可能代表了某些特征。如果一篇文章中多次出现了这个在全文档中出现次数很少的词，就代表该文章的特征和该词代表的特征有很强的相合性。具体的计算步骤如下。

第一步：对所有文档中的文本数据进行分词处理，并将分好的词组成无重复的词袋（Bag of Words）化数据。

第二步：统计文档总数M。

第三步：任意选定一篇文章的一个单词，计算该词在所选文档中的TF-IDF值。统计选定文档中的所有出现过的单词数量N（不计重复），计算选定词在选定文档中出现的次数n，计算选定词在所有文档中出现的总次数m。则该词的TF-IDF表示为$n/N \times 1/(m/M)$（基于本公式，还能变形出更多归一化的公式）。

第四步：重复第三步，直到计算出所有词在所有位置的TF-IDF值，然后将它们组合成一个个代表文本的向量。

（3）接受用户的查询并进行预处理

第一步：将用户查询语言进行分词处理。

第二步：基于历史文档库数据，使用上述TF-IDF模型表示的计算方法，计算用户查询中每个词的TF-IDF值。

（4）计算用户查询和文档库中各个文档的相似度

先将用户查询通过模型转换为特征向量，然后和文本库中各个文本的特征向量通过计算向量间的余弦相似度进行对比。

但是从语言学角度来看，很多词都是一词多义的，它们在不同的具体语境中会体现出完全不同甚至相反的意义，这导致了搜索系统较难从用户的搜索输入中捕获到准确的搜索意图。这种现象会导致基于精确匹配的搜索算法的搜索结果在用户看来不甚理想，这种不理想体现在信息遗漏和信息误解两个方面。所以，后来的学者又提出了很多更先进的非精确的搜索模型。

在Google发布word2vec模型之前，虽然许多高校及涉及搜索引擎业务的互联网企业都在进行自然语言方面的研究，但都因为准确率、可解释性等性能效果不理想而只停留在试验阶段，很难投入实际应用场景中。对搜索引擎而言，效率也是必须考虑的因素，由于SVD自身的复杂性，如果将它用于搜索任务，那么每一次用户查询之后都需要大量的时间进行计算，然后才能对查询做出响应。正是这样过于缓慢的查询响应速度，让整个技术方案变得不可行。

2.3 深度学习技术的发展（word2vec）

21世纪，深度自然语言处理技术领域取得的颠覆性成就及其进展的重要标识之一，就是深度学习技术在20世纪自然语言处理技术领域的广泛应用。其中，以2008年Google公司正式发布的word2vec模型为重要里程碑。严格地讲，该模型并不是一个深度学习模型，因为该模型只有三层，只包括一个隐层，因此该模型结构并不复杂，与2018年前后出现的BERT、XLNet等与训练词向量模型相比，其结构显得较为简单，但其效果却非常好，所以至今它仍是很多文本向量算法的基础。

深度机器学习的灵感来源之一是我们的大脑神经系统中由各种神经元共同组成的丰富的层次结构。美国计算机语言科学家吴恩达受到了获得诺贝尔医学奖和生理学奖得主的Hubel-Wiesel模型的启发。它揭示了人类视觉神经的分层结构机制。目前，深度机器学习最著名的案例之一就是美国斯坦福大学助理教授吴恩达在Google Brain中开发的深度学习项目——将youtube视频训练机器学习用于让机器识别一只猫[49]，他的成功立即在业界引起极大震撼，深度机器学习从此得到了广泛的应用和快速发展。值得注意的是，吴恩达教授同时也是2003年那篇奠定语义学习数据挖掘基础的“Latent Dirichlet Allocation”国际合作论文的作者之一。另一个著名的案例是美国微软公司于2012年11月在第十一届中国天津公开博览会上展示的同声语音传译系统，前台由人类以语音形式输入，利用基于深度机器学习的计算机语言技术进行翻译生成模型，后台工作人员可将前台的人类通过语音输入的数据实时翻译成简体中文，由此引发了后来深度学习在语音和机器翻译技术领域的广泛应用。更著名的案例是前不久Google公司基于搜索+深度学习技术的AlphaGo围棋程序击败韩国九段围棋选手李世石和中国九段围棋选手柯洁，引发了深度学习与人工智能的热烈讨论。作为从机器学习领域的方法中进行创新性改进而获得的技术，深度学习方法研究自2006年被加拿大多伦多教授Hinton和他的学生Salakhutdinov首先提出后，就获得了学术界和工业界的广泛关注和研究，并且通过众多学者的不断创新和改进，在非常多的研究成果和工业应用中取得了良好效果。

在灵感来源方面，可以说深度学习技术是通过借鉴大脑神经元尤其是视觉处理相关神经元的机制技术发展起来的。它和人脑视觉的机制一样，也是由众多类似神经元的计算单元先构成一层层的并行单位，然后将信号在各层之间逐层传播。利用深度学习技术可以分析和发现大数据中普遍存在的复杂数据结构，它是利用反向数据传播（Back Propagation，BP）算法的方式来分析和实现这一复杂的过程。这种算法可以指导机器学习从前一次正向计算的损失或误差来改变本次迭代的内部参数，而这些优化的内部参数可用于自动特征工程。

深度学习技术的发展引发了很多新技术的出现，如卷积神经网络、循环编码神经网络、递归编码神经网络、自定义编码神经网络、变换器、其他的回归神经网络变换器、迁移深度学习、增强深度学习等。卷积神经网络在分析和处理文本语音、图像、音频和其他视频数据方面，在技术上具有突破性进展，而递归编码神经网络在处理隐式语言序列数据，如分析文本和其他语音数据方面的技术上表现出显著的深度学习优势[50]。深度学习在自然语言处理及大数据方面已经取得了突破性成果，包括主题分类、情感分析、自动问答和隐式语言机器翻译等。在隐式语言机器翻译方面，由于先进的深度学习架构和自动训练的方式，RNNs[55]被证明可以很好地根据一个文本序列之前的内容，预测我们下一个元素（字或词）会是什么，并且可以方便且高效地被进一步应用于翻译等复杂的序列任务中。例如，在某一个时刻我们阅读了英语的句子或者文本中的一个单词后，就可以很好地预测下一个句子和单词，从而训练出一个可翻译成英文文字的“编码器”。网络使得隐式语言翻译单元的最终状态向量能够很好地表征句子所要在文本中表达的某种意思或思想。这种最终状态向量使得我们可以很好地训练一个在目标语言句子中翻译的“编码器”。通过网络，一个单词在编码器中的输出概率分布成为我们在目标语言句子中翻译出一个单词的概率分布。如果从概率分布中选择一个特殊的自编码起始单词作为自编码神经网络的第一个输入，将会输出翻译的最后一个句子中第二个起始单词的概率分布，以此类推，并且保持直到翻译者停止从分布中选择起始单词为止。这种简单的自编码机器翻译方法的概率分析表现甚至与目前业界最先进的机器翻译方法所能够产生的概率分析结果不相上下。展开的RNNs可以被看作是一个所有层次都共享同样权值的信息深度依赖性前馈自编码神经网络。虽然它们的设计目的主要是为了学习长期的信息依赖性，但是理论和实践经验的许多证据都表明它很难较好地学习并长期地保存信息。为了更好地解决这个问题，一个被称为能够实时存储历史信息状态的神经网络随之开始产生，即长短期记忆网络（Long Short-term Memory Networks，LSTM）。其主要特征是能够将上一阶段的输入作为历史状态保留下来，用于下次迭代分析。

Bingio Y等认为深度学习是将浅层的特征组合成高层的表示，以达到数据的分布式特征表示[51]。手写识别是最早成功利用RNN的研究结果[55]。常见的深度学习算法包括：卷积网络（Convolutional Network）、堆栈式自动编码器（Stacked Auto-encoders）、受限波尔兹曼机（Restricted Boltzmann Machine，RBN）、深度信念网络（Deep Belief Networks，DBN）等。

近些年，在应用发展层面上，基于深度学习研究语义相似度计算的学者不断增加。其中一个显著的原因是著名的年度SemEval竞赛[52]的驱动。Xu等在2015年发表的文章中阐述了2015年twitter信息语义相似度计算SemEval竞赛的理论和模型。在这届SemEval竞赛上，Eyecioglu和Keller开发的计算语义相似度的ASOBEK系统使用了支持向量机（SVM）[53]，这个递归分类器系统带有简单的语言实词模型重叠计算功能和基于字符串匹配语言的模型重叠特征，计算监督学习效果显著。Zarrella等在这届深度学习竞赛上开发利用了基于扩大的字符串模型匹配语言特征的递归分类器和神经网络的semitrel分类器系统，亦都取得了较好的效果和成绩。其他的选手也开发了信息语义相似度计算系统，使用的分类器和监督学习模型带有的特征包括分类器和语言实词模型的重叠、词项的对齐、编辑器之间的距离和句子的嵌入及余弦相似度的计算等，也都取得了不错的效果和竞赛成绩。

在过去的深度学习和语义模型发展历程中，在大型的文档语料库中训练深度学习算法已经达到了和手工设计的算法几乎类似的效果。2015年，斯坦福大学的Adrian Sanborn等使用主流的深度学习算法计算两个不同文本段落的语义相似度，并开发了语义相似度计算系统，用于计算两个句子的语义相似度[54]。

近年来，基于CNN模型的应用类研究也在不断增长，并广泛在现实场景中落地，完成了科技向生产力的转换。Ranzato等[56]将卷积神经网络改造成无监督式的学习算法，并将其应用扩展到混合多层卷积滤波、非线性运算和特征子采样等计算方法，联合开展学习样本数据的多层稀疏特征学习。Yu等[57]提出了新的基于核方法的快速算法来训练卷积网络，在正确率和速度方面都取得了比较好的结果。Mobahi等[58]给出了一个基于卷积神经网络的深度学习方法来提取在未标注视频数据中自然存在的时间相关性信息，并取得了很好的结果，而且该方法还可用于处理其他形式的序列化数据。Lee等[59]提出了一种卷积深度置信网络方法，在抽取少量特征来表示比较大的图片方面取得了较好的效果，其核心就在于着重训练整个深层架构来降低总误差。Collobert等[60]提出了一个新的结构，即多层卷积神经网络，他将这个结构应用在自然语言处理领域，并将卷积神经网络用于标注词性、识别短语、识别命名实体、标注语义角色等NLP研究中的常规任务，虽然最终效果并不突出，但它提升了学习低维特征的速度，还开创性地将研究用于超大规模的文本处理任务。另外，Collobert的方法还让模型训练结果中的词汇包含了更丰富的语义和语法信息。此后，Huang等[61]研究了多义词的词汇表示方法；Mikolov等[62]提出了更快速的词汇表示训练方法；Dahl等[63]提出了用受限的玻尔兹曼机学习词汇表示的方法。

上述研究主要基于的神经网络算法结构是word2vec，Google于2013年推出了这个开源算法，以及配套的方便其他学者获取词向量word2vec的工具包。其论文中提出了一组可以嵌入embedding层的，由浅层（两层）神经网络构成的深度学习模型，并建议其他学者直接采用这些模型中的一种用来训练词向量。一般来说，使用word2vec的时候，会先输入大规模语料库作为训练数据，从而生成一个每个词都对应了向量空间中唯一向量的向量空间（通常维度不超过1000）。在模型的训练数据中拥有共同上下文的两个词，在映射到向量空间之后距离也会更近。

研究的切入点选择了Word Embedding技术。之前学者们对Word Embedding（词嵌入）的理解就是将单词根据某种特征转为可计算的数值向量表示，并将之输出给下游的各种自然语言处理任务。word2vec是Word Embedding的一种，也是在BERT、XLNet、GPT2等训练词嵌入向量模型出现之前使用较为广泛的词向量模型。word2vec由Google的Mikolov团队于2013年提出[64]。本报告关于word2vec的研究主要基于Rong X的“word2vec Parameter Learning Explained”论文的思路进行梳理[65]。

Word Embedding本质上是一种神经概率语言模型。语言模型发展至今已经衍生出多种类型。如统计语言模型就是用来计算一个句子的概率分布，即计算一个句子的概率。语言模型用处很广泛，如机器翻译任务中，模型的主要目标是如何挑选一个翻译正确率尽可能高的句子，也就是最接近正确翻译结果的句子。假设一个长度为m的句子包含词[(W，W，W，…，W_m)]，从概率论的角度来衡量，该句子的概率就是这句子中m个词共现的概率：

$$P(W_1,W_2,\cdots,W_m)=P(W_1)P(W_2|W_1)P(W_3|W_2,W_1)\cdots P(W_m|W_{m-1}\cdots W_1)\text{。} \quad (2\text{-}2)$$

一般情况，语言模型都是为了使得条件概率$P(W_t|W_1,\ W_2,\ \cdots,\ W_{t-1})$最大化，不过考虑到近因效应，当前词与距离它比较近的几个词更加相关，因此上述公式可以近似为：

$$P(W_t\,|\,W_1,W_2,\cdots,W_{t\text{-}1})=P(W_{t1},W_{t2},\cdots,W_{t(n+1)})\text{。} \quad (2\text{-}3)$$

以上公式即是N-gram模型的近似表示方式（图2-3）。

神经网络语言模型（NNLM）中，以Bengio提出的Neural Probabilistic Language Model最为经典，word2vec即是从该模型训练而来。Bengio通过图2-3所示的N-gram经典三层神经网络语言模型来计算：$P(W_t|W_1,\ W_2,\ \cdots,\ W_{t-1})=P(W_{t1},\ W_{t2},\ \cdots,\ W_{t(n+1)})$。

输入层的输入是前t–1个词W_{t-n+1}，…，W_{t-1}去预测第t个词是W_t的概率，其中$C\in|V|\times d$，该矩阵中存储着词汇表中所有词的向量表示。$|V|$代表词汇表中词的个数，d代表词向量的维度。词向量的值是根据输入的前n–1个词，在C中找到它们对应的词向量，然后直接串联起来成为一个维度为$(n-1)d$的向量x，作为进一步开展三层神经网络的输入，进而形成全连接神经网络（多层感知机）。因为要预测概率最

大的W_t，因此最终输出层的神经元应该与词汇表大小一致，及同样为$|V|$。输出层使用Softmax函数对结果进行归一化，因此输出层的值域为[0,1]，代表可能的每个词的概率。

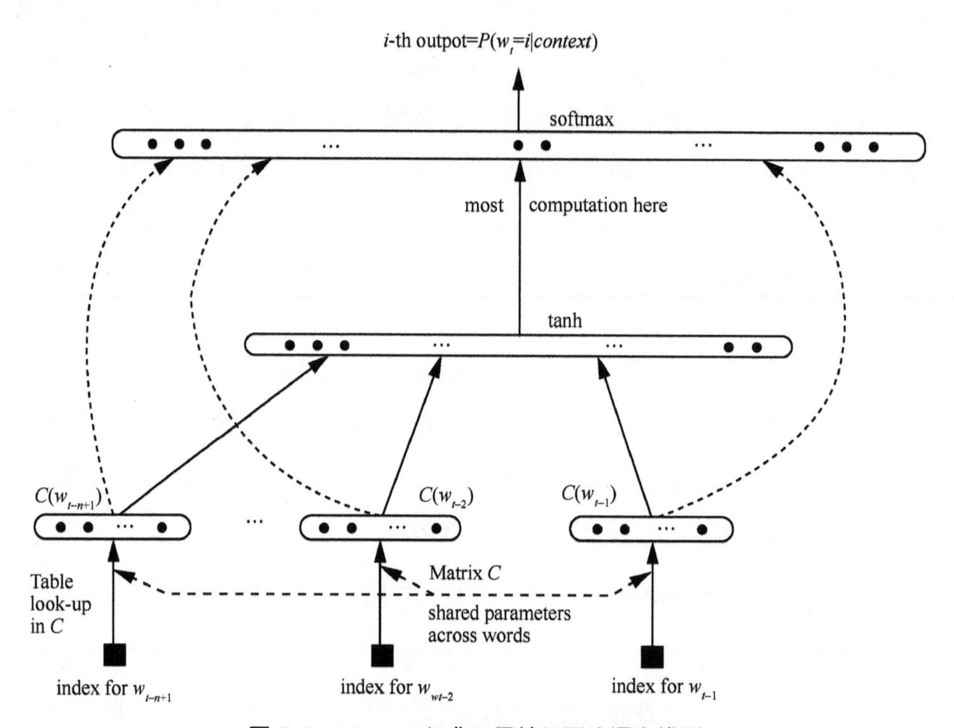

图 2-3 N-gram 经典三层神经网络语言模型

模型中存在一些输入层直接连接到输出层的直连边，即图 2-3 中的虚线，代表一个线性变换。根据Bengio的论文，直连边的存在能够大幅降低迭代次数，但对提升语言模型的效果并不明显。随着算力的提升，后续模型基本都去掉了直连边。神经网络语言模型构建的核心内容就是训练超参数，包括词向量矩阵C，以及三层神经网络的权重、偏置等参数，而词向量实际上是该模型的隐层权重或数据层权重。因此，严格来说词向量是这个语言模型的副产品。神经网络语言模型最大的缺点就是速度问题，因为词汇表往往很大，数量达到几十万甚至几百万，因此训练极其耗时，Bengio用 40 个CPU并行训练 5 个epoch（特指使用训练集的全部数据对模型进行一次完整训练，称之为“一代训练”）就耗费了 3 周时间。因此，Bengio在此基础上进行了大量优化工作，word2vec就是其中最具影响力的成果。

word2vec是Google于 2013 年 在“Distributed Representations of Words and Phrases and Their Compositionality”文章中提出的一种高效训练词向量的模型。其基

本思想出发点是上下文相似的两个词，它们的词向量也应该相似，如香蕉和梨可能经常出现在相同的上下文中，因此这两个词的表示向量应该有较高的余弦相似度。

自然语言理解首先需要解决的是文本的可计算问题，因此首先需要找到一种方法把文字数值化。自然语言处理技术体系有很多这类方法，如One-Hot编码、TF-IDF编码等。

word2vec模型的实现方式有两种：一种是用上下文预测目标词，即连续词袋模型（简称CBOW模型，Continuous Bag-of-Word）；另一种是用一个词来预测上下文中的词汇，称为Skip-gram方法。已经证实Skip-gram在处理大规模数据集时结果更为准确。word2vec模型中最核心的概念是词汇的上下文，即目标词周围的词。举例来说，词汇W_t的范围为1，上下文就是W_{t-1}和W_{t+1}。word2vec中的CBOW模型以上下文词汇预测当前词，即通过W_{t-1}和W_{t+1}去预测W_t，而Skip-gram则以当前词预测其上下文词汇，即通过W_t预测W_{t-1}和W_{t+1}。

从图2-4可以看出，CBOW模型预测当前词语出现的概率的依据是该词语在语料中的上下文。Skip-gram步骤则是一个完全相反的过程，它是预测一个词语在上下文词汇出现的概率。它们的背后当然也都有深度网络模型的支持。模型训练后得到了每个单词随机化后生成的向量，训练时模型利用CBOW或者Skip-gram方法获得每个单词的最优概率。该模型的另一个创新是利用Hierarchical Softmax，并用Huffman编码构造二叉树，其本质就是通过使用二分类方法实现近似多分类的思想。

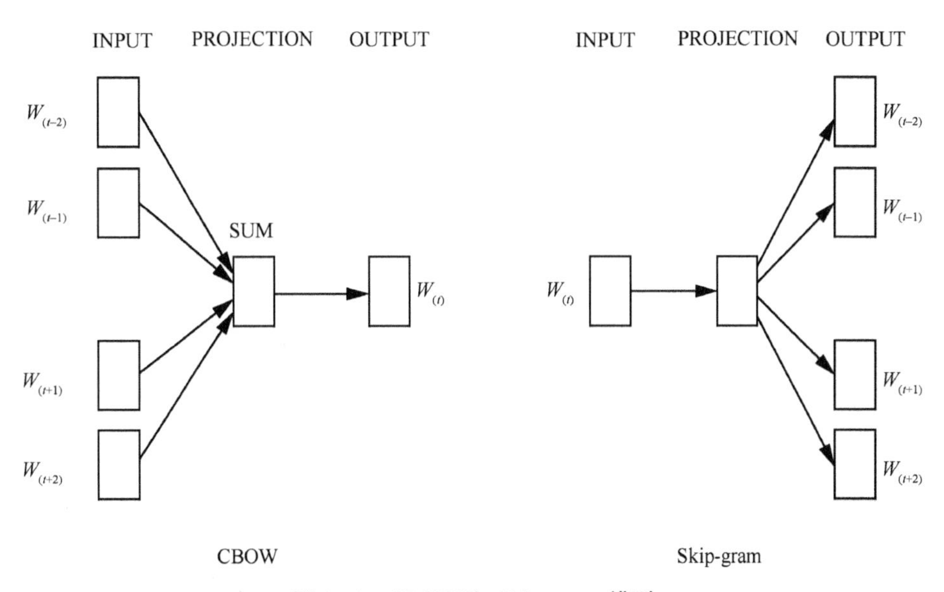

图2-4　CBOW和Skip-gram模型

例如，把所有的词都作为输出，则“苹果”“汽车”等词都混在一起。给定W_t的上下文，先让模型判断W_t是不是名词，再判断是不是食物名，再判断是不是水果，再判断是不是“苹果”。在训练过程中，这些中间节点会在模型中逐步结合到一个合适的向量上，这个向量代表了这个中间节点对应的所有子节点。与潜在语义分析模型（Latent Semantic Index，LSI）、潜在狄利克雷分布模型（Latent Dirichlet Allocation，LDA）等经典方法相比，word2vec还在模型训练出的向量表示中加入了上下文信息，因此其语义信息更加丰富。

2.4 并行计算及降维算法的发展

2.4.1 并行计算

并行计算（Parallel Computing）是指多条指令同时在不同的计算单位中同步或异步运算的计算模式。在保证系统的有序性和可控性的前提下，专用的系统或算法将原本在传统串行计算过程中的连贯工作流程，分解成若干个部分，各部分均由一个独立的处理机来计算。该计算模式将适合划分为并行计算的步骤提取出来，用并行计算的方式大大加速这些环节的计算速度。传统上，所有运算指令都被分配到单一的中央处理单元，按照计算顺序逐一执行。在传统的串行计算方式中，尽管计算机也能交替处理多项任务，但是本质上任何一个时间点都只有一条指令被执行。

并行计算采用了多个运算单元同时执行相应计算部分，以解决运算效率问题。与传统的串行计算相比，并行计算可以从原理上划分为时间并行和空间并行两类。时间并行即冯·诺依曼发明的广为人知的流水线技术，空间并行则是指使用多个处理器并发执行计算，目前业界提出的大数据技术体系研究的主要是空间并行技术的应用。从程序和算法设计人员的角度看，并行计算又可分为数据并行和任务并行。数据并行把大的任务分解为若干相同的子任务，处理起来比任务并行简单。

按照麦克·弗莱因（Michael Flynn）的观点，采用了空间并行技术的计算机有两种形式，即单指令流多数据流（SIMD）和多指令流多数据流（MIMD）。其中较常见的是单指令流单数据流（SISD）形式的计算机[66]。MIMD类的机器又可分为常见的5类：并行向量处理机（PVP）、对称多处理机（SMP）、工作站机群（COW）、分布式共享存储处理机（DSM）、大规模并行处理机（MPP）。在内存管理上，并行计算机有以下5种内存访问模型：全高速缓存访存模型（COMA）、均匀访存模型（UMA）、非均匀访存模型（NUMA）、一致性高速缓存非均匀存储访问模型（CC-NUMA）和非远程存储访问模型（NORMA）。由于后来大数据领域的技术革新，并行计算渐渐从多元走向一致，发展为经典的以Hadoop和spark为代表的分布式并行计算模式。

在实际应用中，并行算法设计是一门未完全建立的综合性学科。与传统的串行算法相比，人们从实践中总结出的算法设计经验不够丰富。在并行算法设计中常采用PCAM方法，包括划分、通信、组合、映射。划分是把一个问题平均划分成若干个问题，然后让多个处理器同时执行；通信是收集和分析任务执行过程中所要交换的数据及任务的协调执行情况；组合是将较小任务组合到一起减少任务开销，提高处理器性能；映射是把任务分配到多个处理器上同时执行。

与传统的串行算法相比，并行算法最大的不同在于设计并行算法不仅要考虑网络问题，还要顾及采用的网络并行模型，以及网络连接与数据管理、计算调度等产生的问题。常见的并行算法设计有：并行排序、并行视频播送与并行音频求和、并行选择（在一个给定的并行子序列中可以发现一个满足了给定路径条件的子并行序列）单源最短路径、求最小路径生成的树等。算法在遇到计算效率瓶颈时都可以转向并行化的方法加以解决，即通过串行算法处理的并行化算法，如KMP算法的并行化[67]。

并行计算是在人类为突破计算机处理能力的迫切需求下催生的。在并行计算等新技术出现之前，当我们现有设备的并行计算处理能力已经无法很好地满足对大规模海量数据处理的需要时，人们通常只能选择超级计算机等设备来直接完成任务，然而超级计算机价格过高，学习成本大，在未来很长的一段时间内也未必能够获得进一步的普及。综上所述，并行计算的出现可以说是一种历史的必然。并行计算数据技术处理体系的特点是利用一些常规的设备，通过将一个任务节点分割开来组成多个更小的子节点完成任务，并行地将数据传给一些并行计算较大的子节点，并通过大量的计算子节点与任务的子节点协同完成庞大复杂的并行计算数据处理任务。

2.4.2　降维算法

高维数据的处理和计算是数据科学领域另一个比较棘手的问题，尤其在文本挖掘、图像处理及生物信息分析等领域，在数据维度比较高的情况下，模型的训练与数据预测的计算精度和效率都会直接受其影响，并降低了计算的效率。为了更好地分析利用数据，需要把数据集从高维空间降到低维空间，且能保留数据核心特征的技术，这就是降维算法。

从原理上看，数据降维方法可分为两种类型。一种是直接从数据集中提取特征子集做特征抽取，如从一张 1024×1024 像素的图像中提取具备高分辨能力的部分数据；另一种是通过线性/非线性的方式将原来高维空间变换到一个新的空间，即数据空间的转换。数据空间的转换有两种思路，一种方法是从高维空间映射到低维空间的投影方法，其中代表算法就是主成分分析（PCA）、奇异值分解（SVD），AutoEncoder 也可以归为这类算法。该类方法主要为了学习或算出一个矩阵变换 $\boldsymbol{W}$，用高维数据与之相乘得到低维数据。

另一种方法是基于流形方法进行学习的降维方法，其主要目的就是很好地找到一种关于高维空间中数据样本的低维描述。流形学习方法假设一个高维空间中数据系统自动呈现一种空间规律的低维流形排列。然而，这种排列无法直接通过高维空间欧式距离来衡量，某个空间两点实际上的坐标矢量距离长度应该是两点之间的矢量距离。如果我们能够找到很好的方法将这种高维空间两点中流形的描述表示出来，那么在这种降维的流形描述过程中就能够保留这种高维空间的关系。为解决这个问题，流形学习假设高维空间的局部区域仍然具有欧式空间的性质，即它们的距离可以通过欧式距离算出，或者某点坐标能够由临近的节点线性组合得到（LLE），从而获得高维空间的一种关系，而这种关系能够在低维空间中保留下来，降维就可以通过这种关系表示来进行。因此，基于流形学习的降维方法可用来压缩数据、在低维空间实现高维数据的可视化、获取有效的距离矩阵等。常用的降维方法及其对比如表 2-1 所示。

表2-1　降维方法对比分析

算法名称	线性/非线性	有监督/无监督	超参数	是否去中心化	目标	假设	涉及矩阵	输出
SVD	线性	无	K	是	减少矩阵中的列/特征的数量，实现方差最大化	有一个由实值数据组成的矩阵	$\boldsymbol{A}$	矩阵因式分解。计算奇异值个数和奇异向量
PCA	线性	无	$\boldsymbol{W}, d$	是	降维后的低维数据样本间的一维方差尽可能低	低维空间相互正交	$\boldsymbol{C}, \boldsymbol{W}$	取$\boldsymbol{C}$前d个最大特征值对应特征向量，形成新的线性变换$\boldsymbol{W}$

续表

算法名称	线性/非线性	有监督/无监督	超参数	是否去中心化	目标	假设	涉及矩阵	输出
MDS	非线性	无	D	是	降维并保持数据间关系不变	已知高维空间样本件的距离矩阵	$\boldsymbol{E},\boldsymbol{A}$	取 $\boldsymbol{E}$ 前 d 个最大特征值对应特征向量，形成低维矩阵$\boldsymbol{Z}$
LDA	线性	有	$\boldsymbol{W},d$	否	降维后的数据样本间协方差尽可能小，不同类间方差尽可能大	数据可分为d+1类	$\boldsymbol{S},\boldsymbol{S},\boldsymbol{W}$	取 $S_w^{-1}S_b$ 特征分解的前d个最大特征值对分布概率影响量排列成$\boldsymbol{W}$
ISOMAP	非线性	无	d,K	是	降维并保持高维数据流形不变	高维空间局部区域两点欧氏距离可计算	$\boldsymbol{E}$，$\boldsymbol{A}$	同MDS
LLE	非线性	无	d,K	是	降维并保持高维数据流形不变	高维空间局部区域某点是相邻K个点的线性组合，低维各空间正交	$\boldsymbol{F},\boldsymbol{M}$	取$\boldsymbol{M}$前d个非0特征值，对应特征向量构成
t-SNE	非线性	无	K=2/3		降维至二维或三维空间可视化	高维空间一个点的取值服从以另一点为中心的高斯分布，地位空间中两点之间的欧氏距离服从自由度为1的t分布	$\boldsymbol{P},\boldsymbol{Q}$	采用梯度下降的方式更新低维空间
Auto Encoder	非线性	无	$\boldsymbol{W},l,D_l$		通过网络生成新数据	通过神经网络学习数据领域特性并自动完成特征工程	$\boldsymbol{W}_l$	网络最后一层输出新生成数据

2.4.2.1 奇异值分解（SVD）算法

LSI中的奇异值分解（Singular Value Decomposition，SVD）是机器学习领域里应用广泛的降维算法。SVD不仅可用于推荐系统，还可用于降维算法中的特征分解及自然语言处理等领域，是现代许多机器学习算法的重要成分。在研究中也实现了文本特征的降维效果。

SVD是线性代数里重要的一种分解形式，其数学性质决定了它可以处理线性相关问题。如在自然语言处理领域对新闻进行分类就可以应用SVD，并且能取得较好的效果。其原理是把新闻中的核心词用一个向量表示，每条新闻表示为一个向量，多条新闻组成一个矩阵，对该矩阵进行SVD分解后可以得到3个小的矩阵相乘，如图2-5所示。

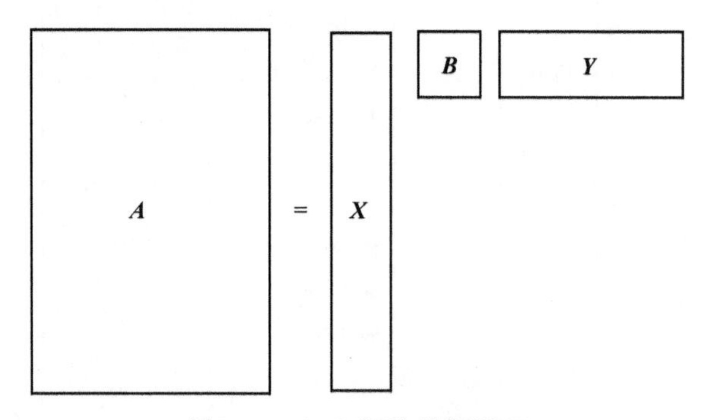

图2-5 SVD矩阵分解原理

这3个小矩阵的物理含义如下（假设被分解矩阵A的维度为$n \times m$）。

矩阵X中每行表示一类意思相关的词，非零元素表示每个词的重要性（或者说相关性），数值越大相关程度越大，其维度为$n \times n$。

矩阵B表示词集与文章的相关性。所以只需对关联矩阵A做一次奇异值分解，就可以同时完成近义词及文章的分类。同时得到每类文章及每类词的相关性，其维度为$n \times m$。

矩阵Y中的每列表示主题相同的一组文章，每个元素表示该类文章中文章间的相关性，其维度为$n \times n$。

线性代数中最典型的特征提取方法是特征值分解，但特征值分解只能用于方阵。在现实世界中所用到的大部分矩阵都不是方阵，因为不可能样本数量和特征向量恰好相同，而奇异值分解则解决普通矩阵特征提取的问题，因此，奇异值分解是一个能适用于任意矩阵的一种分解方法。

2.4.2.2 多维尺度空间（MDS）算法

多维尺度空间（MDS）算法将一组样本间的相异数据经过MDS转换成空间构图，且保留原始数据之间的关系。通过MDS可以直观地以可视化的形式展现原始数据间的相对关系。根据输入要求的不同，MDS可以分为两种：Metric MDS（度量/计量/定量）多维尺度分析与Nonmetric MDS。1952年Torgerson[68]第一次提出了这种算法思想，以数据样本之间的相似度作为实际输入，需要样本为等距比例尺度。通常相似度矩阵是由样本和样本间的欧氏距离构成。

多维标度（Multi-Dimensional Scaling），也被称为“相似度结构分析”（Similarity Structure Analysis），属于多重变量的分析方法，是一种在社会学、心理学、市场营销等社会科学领域广泛应用的常用算法。在多维尺度空间里，最初的研究问题主要是：当只能得到相同样本两个数据间相似性距离矩阵时，怎样重构它们的欧几里得坐标。因此，我们利用多维尺度空间结构分析的方法试图在实践中找到能够将一个高维空间的样本数据点相似性映射到低维空间的方法，并且在相似性映射的过程中尽可能保持这两个数据点之间的相似性距离不变。举例来说，对于某个国家的主要城市，若无法确定各个城市的位置经纬度，但能够准确获得所有城市两两之间的经纬度距离，就能够使用像MDS这样的工具重建位置数据并呈现在二维坐标上。

而MDS要解决的问题，实际上是与计算距离相反的问题。即利用N个城市两两之间的距离，计算得到这N个城市的位置关系。因此，针对任何一个数据集，MDS只关心两两数据点间的距离，然后在指定的低维空间中借助这个距离矩阵试图重构出一个点集，重构的点集必须保证点与点之间的距离尽可能符合距离矩阵的要求，即在低维空间中MDS尽可能保持原数据在高维空间的结构，借此实现了降维目标。因此，MDS常被用于数据可视化，把高维数据降至二维或三维来绘制，使受众对数据产生直观感受。

MDS可以用数学语言描述如下：假设有x_1，x_2，…，x_n n个数据点，定义$\mathrm{dist}(x_i, x_j)$为数据点i和数据点j之间的距离。MDS希望在低维度空间找到一组x'_1，x'_2，…，x'_n，能够实现 $\min\sum\left|\mathrm{dist}(x_i,x_j)-\mathrm{dist}'(x_i',x_j')\right|$ 。

需要注意的是，MDS所处理的输入数据并不是整个需要降维的数据集，而是数据集中点与点之间的距离。此处距离的含义比日常生活中使用的距离要宽泛一些，这里的距离可以代表数据点两两之间的不相似程度。例如，一个记录人类个体信息的数据集，数据特征包含年龄（岁）、身高（厘米），以及其他特征如兴趣爱好等，不同特征的单位不同，甚至有的特征很难量化（如兴趣爱好），对该数据集来说数据点间的距离意味着两点之间的差异性。为了能够应用MDS或者其他基于距离的算法，必须选择一个合适的度量来生成数据的距离矩阵$\boldsymbol{D}$，且该度量必须符合数学上对度量的定义。即一个数据点到自己的距离一定要是0，数据点i到数据点j的距离一定要等于数据点j到数据点i的距离，数据点i到数据点j的距离一定要小于点i到点k和点k到点j的距离之和（三角不等式规则）。以上规则是在应用MDS算法之前所必须要检验的，以确保数据集本身只包含一个距离矩阵而不是数据点的特征值。MDS的经典解法是对输入的距离矩阵使用中心校正（Double Centering）得到一个标量积矩阵，然后使用特征值分解从该标量积矩阵中获取低维数据点的位置。

MDS算法步骤如下：

① 从指定维度空间中随机选取与高维空间样本数量相同的样本点；

② 通过计算两个样本点之间的相似度和距离，得到这些样本点的相似度矩阵$\boldsymbol{d}$；

③ 找到最优的从相似度顺序矩阵$\boldsymbol{p}$到最优的比例化相似度矩阵$\boldsymbol{f}(\boldsymbol{p})$的单调转换，获得描述样本间差异的矩阵$\boldsymbol{f}(\boldsymbol{p})$；

④ 计算Stress（应力系数）；

⑤ 对得到的应力系数进行评估，如果其足够小，则退出算法，否则重新随机初始化样本点的分布，返回第②步重新开始。

Nonmetric MDS：（非度量/非计量/定性）多维尺度分析，出于对Metric MDS对输入要求过于苛刻的改善，Shepard（1962）[69]和Kruskal（1964）[70]首次提出了这种算法思想。该分析方法要求数据与输入的相似度是一个数据顺序的尺度，无须提供真实相似度信息，只需要提供反应数据与样本间相似度的顺序关系等信息即可进行降维。它的另外一个优点是能够很容易地改写为无监督式的算法，在很多场景和任务中表现非常良好，而且模型的解释性很强，方便对其进行进一步的改良。因为是无监督的算法，所以还能够很方便地结合到可视化程序中，并大大增强数据可视化的表达能力。

与Nonmetric MDS相比，Metric MDS对输入要求比较严格，计算成本高，耗时较长，但拟合效果好，准确率高，且无须迭代。Nonmetric MDS能够接受样本的顺序尺度作为输入，因此更为简便、直观，但效果比Metric MDS略差。

2.4.2.3　ISOMAP算法

ISOMAP是流形学习中的经典算法。在降维算法中，一类是提供点的坐标进行降维，如主成分分析法；另一类是提供点之间的距离矩阵，ISOMAP中用到的MDS（Multidimensional Scaling）就是这样。在流形学习的发展过程中衍生出许多降维算法。其基本思想就是在高维空间中发现低维结构。在计算距离的时候，最简单的方式自然是计算坐标之间的欧氏距离，而ISOMAP对此进行了改进，其步骤如下：

① 使用KNN（k-Nearest Neighbor）找到目标点的n个最近邻居，并将它们自然连接所构成的图记录下来；

② 计算图中点i到点j的最短距离，并将它们之间距离的长度d_{ij}放入距离矩阵$\boldsymbol{D}$；

③ 使用MDS算法处理距离矩阵$\boldsymbol{D}$，得到降维后的结果。

ISOMAP的核心就在于构造点之间的距离，类似的思想在很多降维算法中都能看到，如能将超高维数据进行降维可视化的t-SNE。

研究主要使用的是等度量映射（ISOMAP）下的MDS算法，该算法的目标是在降维的过程中将数据的差异性（dissimilarity）保持下来，也可以理解为通过降维让高维空间中的距离关系与低维空间中的距离关系保持不变。这里的距离用矩阵表示，N个样本的两两距离用矩阵$\boldsymbol{A}$的每一项a_{ij}表示，并且假设在低维空间中的距离是欧式距离。而降维后的数据表示为z，有$a_{ij}=\left|z_i-z_j\right|^2=\left|z_i\right|^2+\left|z_j\right|^2-2z_iz_j^T$。右边的3项统一用内积矩阵$\boldsymbol{E}$来表示：$e_{ij}=z_iz_j^T$。去中心化之后，$\boldsymbol{E}$的每一行每一列之和都是0，从而推导出：

$$
\begin{aligned}
e_{ij} &= -\frac{1}{2}(a_{ij}{}^2-a_i-a_j-a^2) \\
&= -\frac{1}{2}\left(e_{ii}-e_{jj}-2e_{ij}-\frac{1}{N}\left(tr(E)+Ne_{jj}\right)+\frac{1}{N^2}(2Ne_{jj})\right) \\
&= e_{ij} = -\frac{1}{2}(PAP)_{ij}\text{。}
\end{aligned}
\tag{2-4}
$$

其中，$P=\boldsymbol{I}-\dfrac{1}{N}$，即单位矩阵$\boldsymbol{I}$减去全1矩阵的$\dfrac{1}{N}$，$i$和$j$是指某列或者某列的总和，从而建立了距离矩阵$\boldsymbol{A}$与内积矩阵$\boldsymbol{E}$之间的关系。由此，在知道$\boldsymbol{A}$的情况下就能够求

解出$\boldsymbol{E}$，进而对$\boldsymbol{E}$做特征值分解。令$\boldsymbol{E}=\boldsymbol{V\Lambda V}^T$，其中$\boldsymbol{\Lambda}$是对角矩阵，每一项都是$\boldsymbol{E}$的特征值$\lambda_1 \geqslant \cdots \geqslant \lambda_d$，那么在所有特征值下的数据就能表示成，$Z = \Lambda^{\frac{1}{2}} V^T$当选取$d$个最大特征值就能让在$d$维空间的距离矩阵近似高维空间$\boldsymbol{D}$的距离矩阵。

随着技术的发展，降维的方法越来越多。把高位数据维度降到二维或者三维，就可以用非常传统的散点图来将数据可视化。但是降维带来的问题也是显然的，降维本来是为了部分消去向量表示中的无用信息从而使其更精简，但在此过程中难免会将少部分有价值的信息给筛除。

为了避免上述问题，一种初步可行的方法是把维度间的两两关系直接用相互关系矩阵展现出来，这样就可以直观地对各个维度进行两两比较并发现其中的潜在关系。随着维度的增加，散点图的数量也在以平方级的速度增加，从而使上述利用可视化进行维度关系发现的方法变得行不通了。

由此出现了另一种方法，不使用降维方法而使用图方法进行降维表示。典型的代表方法有平行坐标轴、RadViz、Star coordinates，以及最近华人学者曹楠提出来的UnTangle Map，这种方法随着数据规模的增加同样也会让人感到迷惑。

第三章

研究方案及数据处理方案

3.1 研究方案详述

研究方案的基本思路是研究并实现潜在语义挖掘的分布式并行计算，研发面向大规模科技信息文档分布式语义挖掘系统，通过不同数量科技信息文档语料的处理挖掘，收集不同语料数量下的概念主题准确率数据和语义检索查准率数据，进行统计分析，精确揭示两者与科技信息语料数量的关系和规律（图 3-1）。

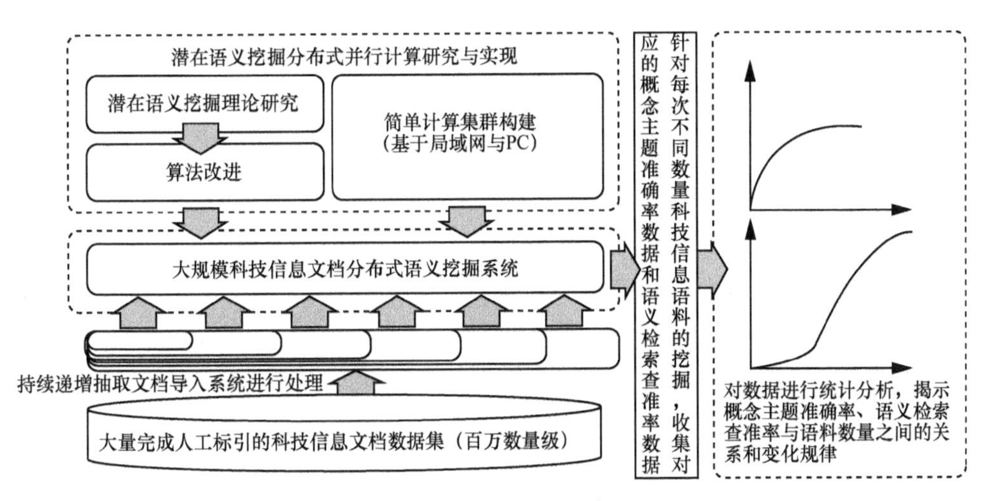

图 3-1　技术路线示意

研究内容包括 3 个主要方面，即潜在语义挖掘理论研究与分布式并行计算方法研究、分布式潜在语义挖掘并行计算技术研发和大数据环境下潜在语义挖掘比较研究。

潜在语义挖掘理论研究与分布式并行计算方法研究即深入研究潜在语义挖掘理论及算法实现，并改进算法实现，使之适合分布式计算的要求。使用普通PC和局域网构建简单计算集群，利用RPC（远程过程调用）和底层Socket通信，实现计算节点自动发现、协商、对话、计算任务启动与停止，以及计算节点管理与任务调度。

分布式潜在语义挖掘并行计算技术研发即以申请团队及所在单位历年课题研究积累并完成人工标引的海量科技信息文档为基础，研发用于大规模科技信息文档分布式语义挖掘系统，实现文档的向量化处理、分布式语义挖掘并行计算、语义空间构建及语义检索等功能。

大数据环境下潜在语义挖掘比较研究即利用研发的软件系统对大规模科技信息文档进行潜在语义挖掘，通过持续递增（每次以10 000数量递增）每次处理的科技信息语料数量，得到对应不同数量科技信息语料的概念主题准确率（挖掘所得概念主题与人工标引概念主题计算所得）数据和语义检索查准率（问卷调查所得）数据，进行统计分析，绘制概念主题准确率和人工标引准确率与语料数量的关系曲线、反馈率—精确率曲线，精确揭示大数据环境下潜在语义挖掘所处理的科技信息数量与概念主题准确率、语义检索查准率之间的关系和规律。

基于以上3个方面，研究按照如下4个步骤逐步推进。

（1）算法研究所需语料收集与积累

研究的主要目标是实现潜在语义挖掘的分布式并行计算，研发面向大规模科技信息文档处理的潜在语义挖掘系统并发现大数据环境下潜在语义挖掘的新规律和优势。因此，研究的先决条件是需要有足够的训练语料以实现潜在语义挖掘算法的训练和测试。

考虑到后续研究需要发现大规模语料语义检索的特征和规律，因此语料收集工作限定于某具体学科领域，以便缩小调查评估所需配合专家和一般用户的专业范围和数量。目前，已通过项目积累、购买、手工采集等方式获得专业文献数据20多万篇，主要数据来源为Web of Science和NSTL数据库，其中61 769条记录是根据专业期刊检索收集，约70 000篇是以前采集的专题分析文献数据，其他的以关键字检索方式收集。所用训练和测试语料主要是文献信息中的摘要字段。

（2）具体技术方案设计与确定

本研究需要实现一个基于潜在语义索引算法的并行计算工具，该工具要以较低的成本实现潜在语义挖掘对大规模（百万数量级）科技信息文档的处理和潜在语义挖掘。通过初期文献和开发工具调研，确定了所研发语义挖掘检索系统的技术方案（图 3-2）。

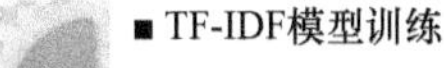
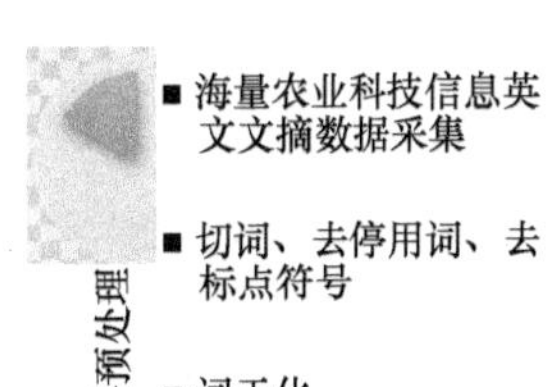

图 3-2　语义挖掘检索系统技术方案

首先对采集到的文献进行切词处理，将文献文摘分割成词汇集合；进行词干化处理，根据设定词频出现阈值将低频词去掉；构建词袋文档词汇模型或者TF-IDF文档词汇模型，利用潜在语义索引模型对文档进行训练，输出挖掘后的主题语义空间，至此完成语料的训练过程。

语义检索的实现过程是：首先利用LSI模型对用户输入检索式进行处理，同样将之表达为词袋词汇的特征向量，计算检索式特征向量与各文档特征向量的相似度，并输出排序靠前的n个结果。

可视化实现是利用多维尺度分析算法将语义挖掘后的概念主题空间降维并显示在二维或三维平面上，形成直观的语义空间可视形式，便于用户理解潜在语义索引所输出的语义空间概念，之所以使用降维算法是因为高于三维的空间结构无法在设备上显示，因此只能降维显示每个概念空间最重要的主题。

并行计算技术实现思路为：使用任何计算机和局域网构建简单计算集群，采用sockets编程利用RPC（远程过程调用）和底层Socket通信，实现计算节点自动发现、协商、对话、计算任务启动与停止，以及计算节点管理与任务调度，实现潜在语义挖掘的分布式并行计算。开发一套调度器程序和一套计算节点程序，程序可以运行在多台计算机、服务器上，也可以在一台计算机上以多线程方式运行，但在多台计算机上运行效果较好，调度器程序实现任务分配、调度、轮询和结果回收与处理，一次实现潜在语义挖掘的并行处理。

（3）并行计算工具实现语言对比与选择

在具体程序设计语言的选择上，对市面上较为流行的几种语言，如NET、Java、Go、Python、R语言的应用场景、性能效率等特点进行对比分析，最终确定选用Python语言作为实现工具。从运行效率和支持资源丰富程度来看，Python和R语言要占上风，但R语言不是真正的面向对象的语言。另外，Python语言有多种Web框架支持，且支持最新的响应式布局框架，可以开发跨系统、跨设备的前端程序。此外，Python对底层编程和自然语言处理的支持较好，且有丰富的机器学习程序包支持。综合考虑，决定采用Python+Django（flask）作为开发框架。所用到的开源支持包包括Gensim、Django（flask）、Tornado、Python-word2vec、Flask-Bootstrap、Numpy、SciPy、Matplotlib及相应的前端Java Script绘图插件等。

（4）并行计算工具功能设计与前端框架确定

并行计算工具功能设计包括3个功能模块：用户管理、数据处理和数据挖掘。如图3-3所示。

用户管理模块对使用系统的用户进行管理，包括用户注册和用户信息修改功能；数据处理模块用来处理文献数据，包括文献信息导入，以及分词、词干化、计算TF/IDF等一系列文献信息预处理；数据挖掘模块用来实现真正的并行语义检索，包括语义检索、关键词检索和主题空间可视化。

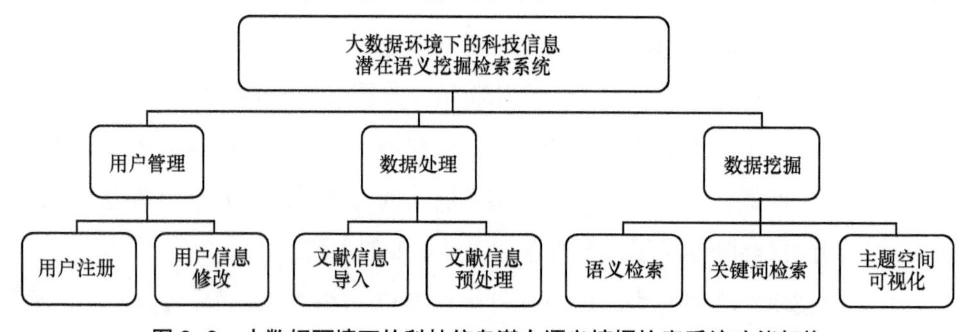

图3-3　大数据环境下的科技信息潜在语义挖掘检索系统功能架构

前端框架采用HTML 5 + Bootstrap响应式布局框架，该框架能够自适应各种设备屏幕并根据不同屏幕大小用不同的方式显示用户界面。其优点是无须额外开发工作即可在计算机、iPad、智能手机等设备上自适应显示。

因此，本研究可采用的研究方法如下。

① 数学方法：用于算法的研究与实现和改进，以及挖掘算法的训练等。

② 计算机程序设计及软件工程方法：用于语义挖掘分布式并行计算的实现及验证系统的开发。

③ 自然语言处理技术与方法：用于大规模文档的向量化处理。

④ 统计分析方法：概念主题准确率、语义检索查准率与科技信息语料数量的关系统计分析。

3.2 数据处理方案详述

研究采集了农业领域中玉米、水稻、大豆等农作物文摘信息（共7万多条数据），首先将其抓取到语料库抽取出来结构化，其次存储到关系型数据库中，对这些抓取到的农作物文摘进行基于内容的去重、提取关键词、分类等离线处理，最后通过推送引擎推送到各个下游系统及全文检索系统。

研究所采用的数据爬取技术主要基于Python语言和它的一些优秀开源库，如scrapy、beautifulsoup 等。数据爬取的预处理流程主要包括以下步骤。

① 文本预处理。首先，需要将爬取的文本语料中包含的HTML标记去除。该操作用到了Python的beautifulsoup 库，该库对lxml和html5lib库进行了封装，能够从文本中识别HTML标记并将之去除。其次，将文档分割成句子，之后进行分词处理，以适应后续对文档、句子和单词分析的需要。研究通过Python NLTK中的sent_tokenize()函数(基于punkt算法)，将文本分割成句子。分词处理使用Python NLTK库中的word_tokenize()方法。其后进行各种预处理操作，例如：a. 处理单个单引号。如don't->don't，they'll->they'll；b. 将大部分标点当作单独的一个词；c. 将后一位是逗号或者引号的词分开；d. 将单独出现在一行的句号分开。此外，还用到了Python本身自带的sgmllib解析器，对更加复杂、难以找到共性规律的文本进行预处理，还使用了正则表达式去除无意义的文本。

② 编码处理。编码问题是Python编程中经常会遇到的问题，中文和英文字符的编码都有同样的问题。由于 Python2 的历史原因，Python在处理英文字符时也存在unicode 和 utf-8 转换的问题。

③ 纠正拼写错误使用pyenchant，词性标注POS Tagging仍然使用NLTK。利用正则表达式去掉所有标点符号，非常短的单词也从文本中去除。使用NLTK的Stopwords去掉停用词及高频无意义的词汇，并导入Matthew L. Jockers提供的比机

器学习和自然语言处理中常用的停词表更长的停词表。停用词搜寻使用IDF算法。

④ 去词干。将不同形式的词转换为原型，以便进行后续的分析。如将do、did、done统一返回原形动词do。去词干有两种方法。第一种方法是Stem。Stem去词干的效果不是很理想，如Stem会将replace处理为replac，把ill处理为il。第二种方法叫lemmatization，其原理是基于词典开展词型转换。需要强调在具体任务执行中，由于Stem数据处理之后会改变词形，所以去词干之后需要重新去停用词。

3.3 中英文文本预处理及其差异

与很多人的认识不同，在对文本做数据分析时，实际上大量时间是花在文本预处理工作上的，由于语言本身的固有特征，导致英文和中文的预处理过程有较大差异。

在进行数据挖掘的预处理时，处理中文数据要比处理英文数据多一些额外的注意事项。首先，中文并不像英文一样把该语言中表意的最小单元“词”之间用空格或者其他的空格符分隔开来，因此需要用精心设计的分词算法（Tokenization Algorithm）实现分词。中文文本挖掘的第一步就是分词。而英文文本天然有空格隔开每个单词，因此很容易用空格和标点符号把不同的词条（Token）分开，英文文本在处理中的新问题是有时需要把多个单词合并为一个词条，如“New York”，就需要把两个词作为一个专有名词。此外，由于中文的字数远远超过英文的单词，再加上互联网发展的初期只有英文可以被编码，导致现在中文的编解码方式大多会比英文编码更复杂一点。以上是处理中文分词时相比英文分词需要额外注意的地方。

英文文本的预处理也有自己个性化的地方，如拼写检测和纠错就是英文特有的预处理。英文的预处理包括拼写检查步骤，如“Helo World”这样的错误，如果在预处理过程中不能有效纠正，就可能会干扰文本分析和挖掘的结果。此外，英文还涉及词干提取（Stemming）和词形还原（Lemmatization）等操作。因为英文有单数、复数和各种时态，导致一个词会有不同的形式。例如“countries”和“country”，“wolf”和“wolves”，期望是表现为同一个词。

分词算法的原理可以用下述数学语言进行描述。

假设有一个句子S，该句子所有的分词方案有以下m种：

$$\begin{cases} A_{11}A_{12}\cdots A_{1n_1} \\ A_{21}A_{22}\cdots A_{2n_2} \\ \cdots\cdots\cdots\cdots \\ A_{n1}A_{n2}\cdots A_{mn_m} \end{cases} 。 \tag{3-1}$$

A的下标n_i，代表第i种分词的词个数。如果经过算法分析发现分词方案r对应的统计分布概率最大，那么我们会选用这种分词方案，即

$$r=\text{argmax}P(A_{i1}，A_{i2}，\cdots，A_{in_i})。 \tag{3-2}$$

但是式中的概率分布$P(A_{i1}，A_{i2}，\cdots，A_{in_i})$不易计算，因它涉及$n_i$个词条的联合分布。在自然语言处理领域，为了简化计算，通常会使用马尔科夫假设，即每一个分词出现的概率仅和前一个词条有关，与其他词条均无关，即

$$P(A_{ij}|A_{i1}，A_{i2}，\cdots，A_{i(j-1)})=P(A_{ij}|A_{i(j-1)})。 \tag{3-3}$$

利用马尔科夫假设，能够大大简化模型复杂度，且使联合分布求解变得相对容易，即

$$P(A_{i1}，A_{i2}，\cdots，A_{in_i})=P(A_{i1})P(A_{i2}|A_{i1})P(A_{i3}|A_{i2})\cdots P(A_{in_i}|A_{i(n_i-1)})。 \tag{3-4}$$

通过一些已经公开的标准语料库，可以计算得到所有文档内多次一前一后在句子中出现过的两个词之间的二元条件概率，如其中的单词w_1和单词w_2，可以使用以下公式估算它们的条件概率分布：

$$\begin{cases} P(w_2 \mid w_1)=\dfrac{P(w_1，w_2)}{P(w_1)} \approx \dfrac{\text{freq}(w_1，w_2)}{\text{freq}(w_1)} \\ P(w_1 \mid w_2)=\dfrac{P(w_2，w_1)}{P(w_2)} \approx \dfrac{\text{freq}(w_1，w_2)}{\text{freq}(w_2)} \end{cases} \tag{3-5}$$

其中，$\text{freq}(w_1，w_2)$表示w_1先w_2后的组合在语料库中的出现次数，而其中$\text{freq}(w_1)$，$\text{freq}(w_2)$分别表示w_1，w_2分别在语料库中出现的总频数。利用上述方法得到统计概率之后，就可以通过计算不同分词方法对句子处理后的总联合分布概率找到最大概率对应的分词方法，从而获得最终的分词方案。在实际应用中，N一般较小，通常取值小于4，主要原因是N元模型概率分布的空间复杂度为$O(|V|\times N)$，其中$|V|$为语料库大小，而N为模型的元数，当N增大时，复杂度呈指数级增长。N元模型的分词方法虽然很好，但是要在实际中应用也有很多问题，一个问题是某些生僻词或相邻分词联合分布在语料库，可能找不到，因此其概率为0。处理这种情况一般使用拉普拉斯平滑，即给它一个较小的概率值，这个方法与朴素贝叶斯算法中的处理类似。另

一个问题是如果句子过长，分词可能会有很多种情况，计算量也非常大，这时可以用维特比算法来优化算法的时空复杂度。

对于一个有很多分词可能的长句子，固然可以采用暴力方法计算出所有分词可能的概率，之后再找出最优分词方法。但是用维特比算法可以大大简化求出最优分词的时间。众所周知，维特比算法是用于隐马尔科夫模型HMM的解码算法，但本质上该算法是一个通用的求序列最短路径的方法，不光可以用于HMM，也可以用于其他的序列最短路径算法，最优分词就是其中的一个应用。维特比算法采用动态规划来解决这个最优分词问题，动态规划要求局部路径也是最优路径的一部分，这与实际情况是相符的。

目前，业界有很多工具可以实现文本挖掘中的分词功能。简单的英文分词不需要任何工具，通过空格和标点符号就可以实现，更复杂的英文分词则使用专门的算法工具，如NLTK、spacy、Gensim等。现在业界最新的技术是利用深度神经网络进行分词，如使用最新的BERT、XLNet、distillbert等预训练向量进行分词，能够颠覆性地提高分词的准确率。中文分词目前也有成熟的算法工具包能够实现，如结巴分词等。基于分词的结果，可以继续做一些其他的特征工程，如向量化（Vectorize）、TF-IDF及Hashingtrick等。

英文文本挖掘预处理第一步是要除去信息中的非文本部分。这一步骤在处理爬虫程序收集到的信息的时候至关重要。由于网络爬虫的数据源大多来自网页，因此爬取的数据中有很多无显著意义的HTML标记。其他形式的非文本内容数量较少，可以通过正则表达式匹配某些人为设定的模板，并替换或删除符合模板的垃圾信息片段，以消除影响。此外，还有一些特殊的非英文字符也可以很方便地用Python的正则表达式删除。

英文文本挖掘预处理第二步是拼写检查更正，英文文本中可能有拼写错误，因此一般需要进行拼写检查。拼写检查使用Python的第三方pyenchant类库完成，自从大规模预训练词向量出现后，拼写检查校正已经转向使用深度神经网络方法。

英文文本挖掘预处理第三步是词干提取（Stemming）和词形还原（Lemmatization）。词干提取和词形还原是英文文本预处理所特有的。两者有共同的地方，即都是要找到词的原始形式。只不过词干提取会更加激进一些，词干提取在寻找词干时可能得到并不是词的词干。如寻找“imaging”的词干可能得到“imag”，这并不是一个正确的单词。词形还原则保守一些，它只对能够还原成一个正确单词的词条进行处理。NLTK工具中，词干提取的方法有Porter Stemmer、Lancaster Stemmer和Snowball Stemmer，而Snowball Stemmer可以处理多种语言（不含中文）。词形还原可用WordNetLemmatizer类，即wordnet词形还原方法。

英文文本挖掘预处理第四步为将所有单词转换为小写形式。由于英文单词有大小写之分，实际应用中期望统计时像“Home”和“home”这样的不同大小写形式的词条是一个词，因此将所有的词条都转换为小写形式可以解决这一问题。

英文文本挖掘预处理第五步是去停用词。在英文文本中有很多统计意义无效的词，如冠词“a”，介词“to”等一些高频短词，还有一些标点符号，统称为停用词。这些词不去除的话可能会影响分析结果的准确率，因此在预处理过程中需要将这些词条去除。

英文文本挖掘预处理第六步是特征处理。在之前的章节已经提到了两种特征处理的方法，即向量化与Hashingtrick。其中，前者在研究工作中更受欢迎，因为它可以方便地配合TF-IDF方法进行进一步的特征处理。

英文文本挖掘预处理第七步是建立分析模型。有了每段文本的特征向量，就可以利用这些数据结合机器学习算法进行后续的下游自然语言处理任务并建立模型，如建立分类模型、聚类模型，或者进行主题模型的分析。

第四章

技术研发与应用实践

本研究通过不同数量科技信息文档语料的处理挖掘，收集不同语料数量的概念主题准确率和语义检索查准率数据，对其进行统计分析，精确揭示两者与科技信息语料数量的关系和规律。

本研究将实现潜在语义挖掘理论研究与分布式并行计算方法研究，用于语义挖掘分布式并行计算的实现及验证系统的开发、相关系统的对比研究。通过初期文献和开发工具调研、专家讨论等方式，确定了语义挖掘检索系统研发关键技术，分别为概率主题模型的LSI、LDA和深度学习技术的word2vec。

4.1 语义挖掘理论研究与分布式并行计算方法研究

语义检索的实现过程是：首先，利用LSI模型对用户输入检索式进行处理，同样将之表达为词袋词汇的特征向量，计算检索式特征向量与各文档特征向量的相似度，并输出排序靠前的n个结果。

其次，对上述向量化空间表示的特征表示进行LDA可视化实现，利用多维尺度分析算法将语义挖掘后的概念主题空间降维并显示在二维或三维平面上，形成直观的语义空间可视形式，便于用户理解潜在语义索引所输出的语义空间概念，之所以使用降维算法是因为高于三维的空间结构无法在设备上显示，因此只能降维显示每个概念空间最重要的主题。相应的系统模块形式采用前端JavaScript绘图插件嵌入系统。

4.1.1 LSI技术研究

潜在语义索引（Latent Semantic Indexing，LSI），也被称为Latent Semantic Analysis（LSA），在本书中统称为LSI，该技术可以概括为一种简单实用的主题模型。

LSI的原理并不复杂。它在之前网页收录与索引过程中又增加了一些步骤：将文档中的关键词进行统计分析；将该文档与索引数据库中已经存在并处理好的其他和该文档的关键词存在较多重合部分的文档进行比对，从而进一步确定该文档与其他文档和关键词之间的相关性；同时，通过找到与该文档在索引数据库中相似程度较高的文章所含有的其他关键词，就能挖掘出和这篇文章有潜在联系的关键词集合。可以看出，虽然搜索引擎本身并不知道某个词究竟代表什么，但通过基于LSI算法构建的索引系统，与单纯的关键词匹配系统相比能够扩充一篇文章的关键词集合，更准确地判断特定网页中内容与搜索项间的相关性，从而获得更好的查询结果。本质上，LSI算法是一种搜索方法，也是一种索引方法。通过对文本中关键词构成的特征矩阵进行奇异值分解，从而识别文本集合中相关性强的文本集合。LSI是基于“相似上下文位置出现的两个词很有可能表达了彼此相近的语义”这一规则的搜索方法。LSI之所以被称为能够挖掘出潜在语义，就是因为它能够扩展一个文档的关键词集合，找到在文本库中出现的所有和这些关键词语义接近的其他事物或者同样事物的其他表达方法所使用的词语。例如，中文语料库和“Chinese corpus”，虽然一个是中文，另一个是其英文翻译，但这两个词会大量出现在近似的上下文语义环境中，LSI算法就可以从语义上把“中文语料库”“ Chinese corpus”“the Microso Corporation”“微软公司”等词紧密地联系在一起。因此，LSI并不依赖于特定的某种语言或者语言学的先验知识。相反的情况如“椅子”和“桌子”两个词，也是大量出现在相同文档中，不过因为它们之间的上下文环境差异较大，所以LSI算法并不会认为它们是语义相关的。但在最新的词向量算法中，如“椅子”和“桌子”这种较弱的相关性也会被妥善地记录下来并在后续的查询过程中使用。

潜在语义索引在搜索技术中有着广泛的应用。搜索引擎是使用机器算法来替代过去人工搜索的工作。人脑可以直接理解文章、句子和词的意义，但机器和算法是不具备这种理解能力的。人看到苹果这两个字就会联想到它的一些属性，如它是圆形的、水分丰富的、甜的、属于食物，但是搜索引擎中并没有存储这些常识性的先验知识，其根本原因和目前自然语言技术的特点有关。在人们使用自然语言的过程中常常有一词多义的现象，但是机器算法无法针对特定的语义环境自动选择其中的正确语义，这就导致了搜索结果与用户真实意图之间存在差别。一词多义现象还会导致采用精确匹配方式的索引和查询方法得到的查询结果中包含了部分在用户意料之外的内容。另外，这一现象还会导致用户查询不到自己想要搜索的内容。这里介绍的潜在语义索引便是解决这一问题的一次有益尝试。LSI绕过对于文本的解析式语义分析，基于大样本篇章文本数据，利用统计分析的方法挖掘词语（包括词条、词组和短语）之间潜在的相关性，以求更好地理解用户的查询意图，并提高查询结果的准确率和召回率。

研究实现LSI的过程如下。

① 对采集到的文献进行切词处理，将文献文摘分割成词汇集合，对所有切词后的文档进行去停用词、去标点符号操作，如有HTML标记则将全部HTML标记去掉；

② 词干化处理，将所有形式的词汇保留为原始词干形式以减小干扰；根据设定词频出现阈值将低频词去掉，以降低挖掘噪音；

③ 词袋构建，即以集合形式存在的文档词汇总集；针对所有文档计算词袋中每个词的TF-IDF值，在此过程中又会自动滤掉一部分低频词和超高频词，进一步精简用于实际训练的语料，用每个词汇及其TF-IDF值为每个文档构建特征向量；

④ 利用潜在语义索引模型对文档进行训练，处理文档特征向量，并输出挖掘后的主题语义空间，以词汇集合形式体现，至此完成语料的训练过程。

在文本挖掘的预处理中，向量化之后一般都伴随着TF-IDF的处理，以更加精确地反映词汇的特征及其与上下文的关系。在将文本分词并向量化后，可以得到词汇表中每个词在各个文本中形成的词向量，比如将下面4个短文本做了词频统计：corpus=["This is a car polupar in China"，"I come to China to travel"，"I love tea and Apple "，"The work is to write some papers in science"]，不考虑停用词，处理后得到的词向量如下：[[0 0 1 1 0 1 1 0 0 1 0 0 0 0 1 0 0 0 0]，[0 0 0 1 1 0 0 0 0 0 0 0 0 0 0 2 1 0 0]，[1 1 0 0 0 0 0 1 0 0 0 0 1 0 0 0 0 0 0]，[0 0 0 0 0 1 1 0 1 0 1 1 0 1 0 1 0 1 1]]，如果直接将统计词频后的高维特征作为文本分类的输入，会发现有一些问题。比如第2个文本，发现“come”，“China”和“travel”各出现1次，而“to”出现了两次。似乎看起来这个文本与“to”这个特征关系更紧密。但是实际上“to”是一个非常普遍的词，几乎所有的文本都会用到，因此虽然它的词频为2，但是重要性却比词频为1的“China”和“travel”要低得多。如果仅用词频特征就无法反映这一点。

因此，需要进一步的预处理来反映文本的这个特征，而这个预处理就是TF-IDF。

LSI算法中非常关键的一步就是TF-IDF步骤，TF-IDF的全称是Term Frequency-Inverse Document Frequency，即“词频–逆文本频率”。它由两个因子项组成，TF和IDF。TF也就是前面说到的词频，之前做的向量化本质上就是统计各个词在语料中的出现频率，从而作为对应文本的特征描述。而IDF则是为了处理以下问题：在所有文本中都会出现的“do”的词频虽然高，但是重要性却应该比词频低的“Dinner”和“Eating”要低。为了纠正这种偏差，IDF统计了一个词在所有文本中出现的频率，如果一个词在很多的文本中出现，那么它的IDF值就会很低，比如上文中的“do”。考虑极端情况，在所有的文本中都出现过的一个词，它的IDF值就会取0。结合以上的阐述，我们最终给出IDF项的数学定义：

$$\mathrm{IDF}(x)=\log\frac{N}{N_x}。\tag{4-1}$$

其中，语料库中文档数用N表示，而N_x表示其中包含特定词语x的文档数。

上面的IDF公式在一些特殊的情况会有一些小问题，比如某一个生僻词在语料库中没有，这样的分母为0，IDF没有意义了。所以，在实际应用过程中常对IDF项做一些平滑措施，使上述极端情况也能有合适的IDF值。一种常见的平滑方法如下：

$$\mathrm{IDF}(x)=\log\frac{N+1}{N_x+1}+1。\tag{4-2}$$

有了IDF的定义，就可以计算某一个词的TF-IDF值了：

$$\mathrm{TF}(x)\text{–}\mathrm{IDF}(x)=\mathrm{TF}(x)\times\mathrm{IDF}(x)。\tag{4-3}$$

其中，TF(x)指词x在当前文本中的词频。

在数据分析中，经常会进行非监督学习的聚类算法，它可以对特征数据进行非监督的聚类。而主题模型算法符合无监督的要求，还能得到一篇文档按主题的概率分布。这样看来，主题模型的使用场景类似于一般的聚类算法，但我们更应该看到两者的区别。聚类算法将数据聚类的依据是样本特征的相似度。主题模型所采用的量度，不同于聚类算法中使用的欧式距离或者曼哈顿距离，是对文字中隐含主题的一种建模方法。如从“人民的名义”和“达康书记”这两个词很容易发现对应的文本有很大的主题相关度，但是如果通过词特征来聚类的话则很难找出，因为聚类方法不能考虑到隐含主题。而常见发掘隐含主题的思路是基于统计学的生成方法。先基于篇章中文本的概率分布为该文本选择一个主题，然后再用该概率分布更新符合主题的词。最后这些词组成了当前的文本。所有词的统计概率分布可以从语料库获得，具体如何以“一定的概率选择”，这就是各种具体的主题模型算法的任务了。LSI是基于奇异值分解（SVD）的方法来得到文本主题的。而SVD及其应用在前文中也多次讲到，如奇异值分解（SVD）原理与在降维中的应用和矩阵分解在协同过滤推荐算法中的应用。这里详细说明一下：SVD对于一个$m \times n$的矩阵$\boldsymbol{A}$，可以分解为下面3个矩阵。

$$\boldsymbol{A}_{m \times n} = \boldsymbol{U}_{m \times n} \boldsymbol{\Sigma}_{m \times n} \boldsymbol{V}_{n \times m}^{T}。 \tag{4-4}$$

有时为了降低矩阵的维度到k，SVD的分解可以近似写为：

$$\boldsymbol{A}_{m \times n} \approx \boldsymbol{U}_{m \times k} \boldsymbol{\Sigma}_{k \times k} \boldsymbol{V}_{k \times n}^{T}。 \tag{4-5}$$

此时SVD的意义如下：k是预先设定的主题数，一般要远比文档数量少。把每个文本有n个词的m个文本作为输入。而$\boldsymbol{A}_{ij}$则对应第i个文本的第j个词的特征值，该特征值常取自预处理后的标准化TF-IDF值。SVD分解后，$\boldsymbol{U}_{il}$对应第i个文本和第l个主题的相关度。$\boldsymbol{V}_{jm}$对应第j个词和第m个词义的相关度。$\boldsymbol{\Sigma}_{lm}$对应第l个主题和第m个词义的相关度。通过一次SVD过程，就可以得到词和词义的相关度、词义和主题的相关度文档及各个主题之间的相关度。通过LSI得到的文本主题矩阵可以用于文本相似度计算。而计算方法一般通过余弦相似度。

语义检索搜索引擎的实现过程是：首先利用LSI模型对用户输入检索式进行处理，同样将之表达为词袋词汇的特征向量，计算检索式特征向量与各文档特征向量的相似度，并输出排序靠前的n个结果。LSA（LSI）算法中分解单词—文档矩阵的方法是SVD。利用SVD从单词—文档矩阵中发现不相关的索引变量（因子），将稀疏的特征表示压缩到表达能力更强的语义空间内。两个文档可能原本在单词—文档矩阵中没有看到相似性，但到了语义空间内就变得较为相似了。从数学角度讲，SVD是对矩阵进行奇异值分解，一个$t \times d$维的矩阵（单词—文档矩阵）$\boldsymbol{X}$，可以分解为$\boldsymbol{T} \times \boldsymbol{S} \times \boldsymbol{DT}$，其中$\boldsymbol{T}$为$t \times m$维矩阵，$\boldsymbol{T}$中的每一列称为左奇异向量（Left Singular Bector），$\boldsymbol{S}$为$m \times m$维对角矩阵，每个值称为奇异值（Singular Value）。

LSI是最早出现的主题模型，它的算法原理很简单，一次奇异值分解就可以得到主题模型，同时解决词义的问题，非常方便。但是LSI有很多不足，主要的问题有：① SVD计算非常耗时，尤其是文本处理时，词和文本数都是非常大的，而超大规模矩阵的奇异值分解的求解速度将会非常缓慢。② 因为结果中会有更大的误差或者噪声来自主题值的选取，所以模型的可解释性也会进一步降低。③ LSI得到的不是一个概率模型，缺乏统计基础，结果难以直观地解释。对于问题①，主题模型非负矩阵分解（NMF）可以解决矩阵分解的速度问题。对于问题②，这是老大难了，大部分主题模型的主题的个数选取一般都是凭经验的，可以使用较先进的层次狄利克雷过程（HDP）方法自动选择主题个数。对于问题③，相关人员开发了pLSI（也叫pLSA）和隐含狄利克雷分布（LDA）这类基于概率分布的主题模型来替代基于矩阵分解的主题模型。回到LSI本身，对于一些规模较小的问题，如果想快速粗粒度地找出一些主题分布的关系，则LSI是比较好的一个选择，其他时候，如果你需要使用主题模型，推荐使用下面将要介绍的LDA，LDA的基础就是LSI，研究实现的向量空间维度可视化就是基于LDA。

4.1.2 LDA技术研究

统计学中，如何将数据分组是一个反复出现的问题。这个问题也就是聚类。传统的聚类方法，如k-means等都需要人们指定数据中类别的数量，然后模型根据一定的规则求出分组的结果。而Dirichlet过程混合模型（Dirichlet Process Mixture Model，DPMM）则是一种可以自动确定类别数量的聚类方法。与之不同，本书的层次狄利克雷过程模型是另一种分层聚类的模型，它不仅可以自动确定聚类的数量，而且是针对很多组数据建模的。在这个模型中，假设数据是有很多组的，每一组数据都有不知道数量的类别存在。层次狄利克雷模型就是为了找出每一组数据中包含的聚类结果。举个例子，在信息检索领域，每个文档都有很多个主题，主题的数量不知道。如果只有一个文档，文档中有很多个词语，这些词语都是来自不同的主题，这可以使用DPMM解决。当有了多个文档后，DPMM就只能将它们合成一个大文档进行建模了。而层次狄利克雷模型（Hierarchical Dirichlet Process）可以针对这些不同的文档进行分层建模。这里要注意其与LDA的区别，在LDA模型中，主题的数量是人为确定的，也就是说每个文档下面的词语所属的主题都是来自这些主题，但是，当主题数量不知道的时候，使用Dirichlet过程作为先验导致的问题是不同文档下面相同的主题编号代表了不同的含义。

潜在狄利克雷分布属于主题模型中的一种经典算法，它同样可以得到文档可能对应的几种主题及每个主题各自的概率。它也同样具有无监督的优点，仅指定主题的数量即可开始在无标注的数据上进行训练。由于LDA简便好用，所以常常被用于文本主题识别、文本分类及文本相似度计算等文本挖掘任务中。LDA主题模型在

2002年被David M. Blei、Andrew Y. Ng（吴恩达）和Michael I. Jordan第一次提出。在社会化媒体的兴起及各种网络社交平台广泛使用的大趋势下，大量有高价值的文本数据、表格数据、视频数据等待着挖掘，而如此海量的文本数据使得LDA主题模型被越来越多地运用到科学研究中来。

LDA是一种典型的词袋模型，即它把文章看作文章含有的词构成的集合，而忽略了词之间的连接关系和先后顺序。模型假设了一篇文档对应多个主题，而文档中每一个词都必须被涵盖在某个主题下。另外，狄利克雷分布是多项式分布的共轭先验概率分布，正如Beta分布是二项式分布的共轭先验概率分布。LDA模型的整体算法流程如下：从狄利克雷分布α中获得文档i的主题分布概率函数θ_i；从狄利克雷分布β中取样生成主题z_{ij}的词语分布$\phi_{z_{ij}}$；从主题的多项式分布θ_i中取样生成文档i第j个词的主题z_{ij}；从词语的多项式分布z_{ij}中采样最终生成词语w_{ij}。最终得到LDA模型中所有隐藏变量与可见变量的联合分布函数：

$$p(w_i,z_i,\theta_i,\Phi\mid\alpha,\beta)=\prod_{j=1}^{N}p(\theta_i\mid\alpha)p(Z_{i,j}\mid\theta_i)p(\Phi\mid\beta)p(w_{i,j}\mid\varphi_{z_{i,j}})\text{。} \tag{4-6}$$

最终，文本的词语分布的最大似然估计可以通过将式（4-6）的θ_i及Φ进行积分和对z_i进行求和得到：

$$p(w_i\mid\alpha,\beta)=\int_{\theta_i}\int_{\Phi}p(w_i,z_i,\theta_i,\Phi\mid\alpha,\beta)\text{。} \tag{4-7}$$

根据$p(w_i|\alpha,\beta)$的最大似然估计，最终可以通过吉布斯采样等方法估计出模型中的参数。

在LDA模型研究的初期，常常基于EM算法原理，吉布斯采样（Gibbs Sampling）计算技术出现后，因为其更快捷的计算方式迅速成为新的主流。它的具体过程如下：首先遍历所有文档，为每个文档中的所有词都随机分配一个主题，即$z_{m,n}=k$~Mult(1/K)，其中k表示主题，K表示对应于主题k的文章总数，m表示文档序号，n表示文档内的词序号，对应的n_k^t+1、n_k+1、n_m^k+1、n_m+1，分别表示k主题对应的t词的次数、k主题对应的总词数、在m文档中k主题出现的次数、m文档中主题数量的和。之后重复下述操作直到迭代收敛：对所有文档中的所有词进行遍历，假如当前文档m的词t对应主题为k，则n_k^t+1，n_k+1，n_m^k+1，n_m+1，即先拿出当前词，之后根据LDA中topic sample的概率分布sample出新的主题，在对应的n_k^t，n_k，n_m^k，n_m上分别加1。

$$p(z_i = k \mid z_{i-1}, w) \infty (n_{k-i}^t + \beta_t)(n_{m-i}^k + \alpha_k) / (\sum n_{k-i}^t + \beta_t)。 \quad (4\text{-}8)$$

迭代完成后，输出主题—词参数矩阵$\varPhi$和文档—主题矩阵$\varPhi$：

$$\varPhi_{k,t} = (n_k^t + \beta_t) / (n_k + \beta_t)， \quad (4\text{-}9)$$

$$\grave{e}_{m,k} = (n_m^k + \alpha_k) / (n_m + \alpha_k)。 \quad (4\text{-}10)$$

研究实现了语义文献检索系统，可理解为对文献的语义挖掘和推荐。针对大数据环境下语义挖掘的挑战，本研究需要实现一个基于潜在语义索引算法的并行计算工具，该工具要以较低的成本实现潜在语义挖掘对大规模（百万数量级）科技信息文档的处理和潜在语义挖掘。分布式并行计算技术实现思路如下：任何计算机和局域网构建简单计算集群，采用套接字编程利用RPC（远程过程调用）和底层Socket通信，实现计算节点自动发现、协商、对话、计算任务启动与停止，以及计算节点管理与任务调度，实现潜在语义挖掘的分布式并行计算。开发一套调度器程序和一套计算节点程序，程序可以运行在多台计算机、服务器上，也可以在一台计算机上以多线程方式运行，但在多台计算机上运行效果较好，调度器程序实现任务分配、调度、轮询和结果回收与处理，一次实现潜在语义挖掘的并行处理。

分布式实现对于Web规模的数据来说是令人满意的，它们会将训练时间减少到可承受的水平，大多数实践者会访问至少一台分布式集群。然而，目前存在的分布式LDA，只展示出在小问题规模上（特别是模型size）工作良好，或者使用极大的计算集群（有时上千台机器）来完成可接受时间内的训练。如何使用数十台机器来应对和解决大规模语料的LDA问题？如果希望使用数十亿的训练语料（每个文档至少上百个词条）会占用数以TB计的空间，在分布式计算过程中，简单地将数据从磁盘拷贝到内存中都会花费数十小时，当将数据通过网络进行传输时也会花费类似的时间。在模型的并行计算过程中，存储1万亿的模型参数（100万主题×100万词汇）也会占用TB级别的内存空间，因此只能使用分布式存储，此种方式需要实现参数的跨服务器同步，会有很高的网络通信开销。根据这些关键点，为LDAvis设计了一个架构，它可以将数据传输和参数通信开销尽可能地减少，并让小集群实现成为可能。主题模型使用广泛，许多公司开发了大规模的LDA工具包，以适应海量的语料。互联网级别的语料更复杂，需要捕获长尾的语义信息，否则可能造成主题信息的丢失，这就需要大容量的主题参数空间，因为要存储成千上万的主题数和大量的词汇。为应对大规模数据处理及模型的可扩展性，LightLDA实现了一种分布式数据并行策略的LDA（将文档通过workers进行分割，共享所有主题参数）。当然，也可使用SparseLDA和AliasLDA的采样程序进行算法加速来进一步降低运行时长。使用1000台机器，就可以使LDA模型从10亿级别的文档中计算出具有100亿量级的参数，但开销非常之大。一个1000台服务器的集群将花费上百万美金（还不包括电费及其运行维护费用）。还可以租用云平台，这样每台机器每小时费用也要大于1美元，每个月的支出也要大于70万美元。因此，以上方案对于大多数研究者来说都是不可行的。LDAvis提出了一种花费更小的方法来解决这种大规模机器学习问题，用10台服务器就能解决。

LDAvis在3个级别上处理该问题。第一，以数据并行和模型并行方式实现分布式LDA推理：数据和模型会被分区（Partitioned），跨服务器进行流传输，以便在集群内更有效地利用内存和网络资源。第二，发了一个Metropolis-Hastings采样器，对每个词或词条，允许O(1)的采样时间，这可以在时间上产生一个高收敛率，可以击败当前最好的采样器。第三，使用了一种不同的数据结构，利用海量语料，可以展示高频头部词，也可以展示低频长尾词，以不同的方式存储，有效利用资源，没有性能损失。使用开源的Petuun框架，实现了一种速度快且节省内存的分布式LDA，即LightLDA。对于上亿的文档（约2000亿词条），它有1万亿的模型参数（100万主题×100万词汇），只需要8台标准配置服务器（与云平台常用计算实例配置类似），在180小时内完成，或者使用24台服务器，耗时60小时。对参数大小对比的结果是，比文本数据集上大两个数量级。系统可以在每20 CPU核的机器上，每小时采样5000万个文档（平均长度为200词条）。而PLDA+每机器每小时使用折叠吉布斯采样器只能达到1200个文档。YahooLDA在每8核服务器每小时采样200万个文档。LDA实现了分布变分和基于采样的推理算法。LightLDA只关注基于采样的方法，因为它可以产生非常稀疏的更新，使它们很适合设置很大的主题数量。最新的large-scale LDA实现需要使用很大的工业级的集群，使用成百上千的CPU或CPU核。需要服务器集群的原因是它们使用了SparseLDA inference算法甚至更慢的原始collapsed Gibbs采样器推理算法。推理算法本身是一个限制因素。因此，开发了一种新的O(1)复杂度的词条Metropolis-Hastings采样器来处理这个瓶颈，它比SparseLDA采样器几乎快一个数量级，它允许在小集群上处理大语料。要注意到：最新的AliasLDA也提供了一个解法来解决SparseLDA的瓶颈。然而，AliasLDA的计算复杂度为O(Kd)，因此，并不擅长处理更长的文档（如网页），因为doc-topic矩阵在初始迭代时是密集的，会更复杂；另外，论文中只描述了AliasLDA一种单机实现，其分布式和可扩展性描述不清[特别是考虑到AliasLDA的高空间复杂度，对于每个词的别名表需要O(K)]。在本研究中，Metropolis-Hastings sampler的各指标均快于AliasLDA，因此不再考虑使用AliasLDA。

前述提到的large-scale LDA本质上分为：数据并行化（在机器之间分割文档）与模型并行化（在机器上分割词汇—主题分布）。YahooLDA和基于参数服务的实现，将词汇—主题矩阵看成是全局共享的，在这种推理算法上，关于如何跨机器进行物理排序词汇—主题分布是不可知的。更重要的是，它们在词汇主题索引Z_{di}上以文档为中心的方式调度推理计算，因此将它们看成是近数据并行的实现。结论是，我们既不希望使用YahooLDA，也不希望使用基于parameter-server的方法来处理非常大的主题模型（1万亿参数）。一旦整个语料在足够多的机器上传输，每台服务器的本地文档只有一小部分参与LDA模型。因此，每台服务器需要的内存不会太大。这样的设计，如果没有大的计算集群，根本不能处理大的主题模型。另外，PLDA+和Peacock会额外根据词$w_{di}w_{di}$将词条主题指标$z_{di}z_{di}$进行分组，以减小在每个节点服务器上持有的词汇—主题分布比例，即可以有效地在前N个数据并行化基础上进行模型并行化。还有一种方法，采用类似网格的并行化分区策略，需要让训练数据、LDA模型和节点服务器之间进行通信，但需要额外的网络开销。此外，还要注意在PLDA+的设计过程中，只需要节点服务器在内存中持有模型的一小部分。这样的系统使用了一个过时的，很慢的吉布斯采样器，它们的数据分布和调度对于极大的数据和模型来说不合适。特别是它的词汇绑定策略依靠一个关于训练数据的倒排索引表示，其所占容量是文档容量的两倍，导致该方法可行性不强，因为内存在大规模LDA中非常宝贵。LDAvis采用了一种不同的数据和模型并行化策略来最大化地减小内存和CPU开销：将词汇—主题分布以一种结构感知的模型并行化方式进行切分，在节点服务器上将文档块固定，所需要的模型参数通过一种异步有界的数据并行化方案——一种有界异步数据并行方案传输给它们。这种并行策略的应用在一个10亿数量级的文档上只需要8台服务器就可以训练一个1万亿参数的LDA模型，并且当增加额外的机器时可以获取线性加速。

训练LDA时，使用10万个主题可以极大提升所学到的模型。一个原因是，非常大的语料常包含许多小的，但很合适的主题，即长尾主题，当模型只有上千个主题时这些长尾主题常常检测不到。然而，对于一个达到上百万的主题模型，这会导致词汇—主题分布包含万亿数量级的参数，因为互联网大语料可以很轻易地包含上百万的唯一词汇。LDA模型在实际中可能非常稀疏（许多参数为0），一个上万亿参数的模型比结果要大两个数量级。事实上，一些已经存在的分布式实现不会扩展到这么大的模型，因为模型需要通过节点服务器进行划分。除了通过节点服务器进行分区外（几乎所有最新的分布式LDA的实现方式），必须同时以一种保守的方式对模型进行分区，以确保节点服务器不会耗尽内存。这就是结构感知的模型并行化。对于大规模机器学习，它为结构感知模型并行及有界异步数据并行提供了一个总的框架。在具体实现过程中，会利用参数服务器来实现有界异步数据并行化。参数服务器对用户会隐藏分布式网络细节（通信和并发控制），并提供好用的API来开发分布式机器学习程序，该思想让机器学习专家专注于描述算法逻辑，而非系统的细节。首先引入总的参数服务器的思想，接着描述如何让大的LDA模型在小集群上进行增强。参数服务器和数据存储都在基本水平之上，一个参数服务器会保存一个分布式共享内存接口，其中编程者可以从任何机器上访问内存，而屏蔽参数的物理位置。本质上，参数服务器扩展了在单个机器上的内存结构，存储介质越接近CPU 核，越具有较低的时延和较高的传输带宽，但其容量也会相对小一些。在参数服务器架构上，每个机器的内存被分成两部分：客户端使用的局部内存，以及中心化参数存储的远程内存（也称服务器部分）。这样的硬件限制，再加上由大的主题模型和数据模型引入的必要条件，极大地影响了运行Metropolis-Hastings算法的方式。词条和主题指标存储作为数据并行化执行的一部分，每个节点服务器会在本地磁盘上存储语料的某个碎片。对于Web规模的语料，每个碎片仍然很大，通常会达到GB甚至TB数量级，因此它不会将整个碎片加载进内存中。这样，进一步将每个数据的碎片分割成数据块，并将这些数据块同时以流的方式输入内存中。根据数据结构，故意将tokens w_{di}和它们的主题指标$z_{di}z_{di}$进行并排放置，作为一个$(w_{di}，z_{di})(w_{di}，z_{di})$成对向量，而非独立的词条和主题指标数组。这么做是为了提升数据的本地化水平，且让CPU缓存更有效。无论何时访问词条w_{di}，总是需要访问它的词条主题指标 z_{di}，成对向量的设计方式可以直接提升本地化水平。这种设计的一个缺点是额外的磁盘I/O，每次读/写词条w_{di}一个数据碎片到磁盘中时会交换出来。然而，磁盘I/O总是通过对读/写进行管道运算的方式进行遮挡，当采样器正处理当前碎片时会在后台完成。如果通过原子文件重写来执行一个数据交换到磁盘，当系统失败时，它会简单地通过热启动来恢复训练过程。常用的方法为读取交换磁盘模型，重新初始化词条—主题和文档—主题表。PLDA+和YahooLDA也具有容错机制，它们需要周期性地将数据和（或）模型导出，这会引发额外的开销。在多线程效果方面，多线程的效果采样器在单个节点服务器上会并行。将内存中的数据块分割成不相效的部分，通过独立线程进行抽样，并对线程间共防震内存中的模型进行切片。再进一步，会让碎片模型切片失去灵活性。在将这些数据汇总发送到参数服务器之前，会在本地延迟所有的模型更新。通过将模型切片保持不变状态，避免了并发问题（如条件竞争和锁），这样就可以实现在接近线性的节点内的扩展性。当模型更新延迟时，理论上会减慢模型的收敛率，实际上，它会消除并发问题，增加采样器吞吐量，轻易地胜过更慢的收敛率。现代的服务器包含了许多CPU 槽（每个CPU有许多物理核），可以连接到不同的内存板上。当这些内存条可以被所有CPU寻址时，当访问绑定到另一个槽上的内存板时，内存延迟会更长，这就是非统一内存访问（Non-Uniform Memory Access，NUMA）。通过对采样参数进行调整（如 Metropolis-Hastings steps的数量），对它们进行部分寻址，发现非统一内存访问的作用相当大。也就是说，适当的NUMA-aware编程是一个解决该问题的更好方案。最后还注意到，为每个线程建立起其与CPU核的关系，在intel处理器上开启硬件超线程效果很好，能获得几乎 30%的性能增益。

4.1.3 word2vec技术研究

word2vec是Google公司于2013年发布的对自然语言处理影响力巨大的词嵌入向量模型。要想理解word2vec技术，需要先理解语言模型的概念（Language Model）。从本质上来说，语言模型其实是一个概率模型，即基于一个语料库创建，最终输出每个句子出现的概率。其功能就是判断一个句子是否出自正常人之口，即自然语言。目前，在一些主要的NLP任务如机器翻译、语音识别中，常常需要通过语言模型在初步得到的候选结果中筛选出更加可靠的输出。其数学含义可以这样来表述：对于一个给定的含有t个词的字符串S，设其为一句正常语言的概率为$P(w_1，w_2，\cdots，w_t)$。其中，w_1到w_t依次表示这个字符串中的各个词。则数学表示为：

$$P(w)=P(w_1，w_2，\cdots，w_t)=P(w_1)P(w_2|w_1)，P(w_3|w_1w_2)，\cdots，P(w_t|w_1，w_2，\cdots，w_{t-1})。\tag{4-11}$$

式（4-11）的含义是：在前面的词给定的情况下，后面的词出现的概率，就等于一个句子出现的概率。式中，$P(w_2|w_1)$，$P(w_3|w_1, w_2)$，…，$P(w_t|w_1, w_2, \cdots, w_{t-1})$是$P(w_1, w_2, \cdots, w_t)$经过条件概率公式展开得到的，而每个条件概率的意义就是：根据前面的词来预测下一个词出现的概率。创建语言模型所需要的参数也就是这些条件概率。例如，有一句话“python是最好的语言”，假设已经将这个句子分词为“python”“是”“最好的”“语言”，那么这个句子出现的概率为P(“python”，“是”，“最好的”，“语言”)=P(“python”)P(“是”|“python”)P(“最好的”|“python”，“是”)P(“语言”|“python”，“是”，“最好的”)，当这个概率较大时，我们就可以判断这是一句正常的话。根据贝叶斯公式可得到这些条件概率：

$$P(w_t|w_1, w_2, \cdots, w_{t-1}) = \frac{P(w_t)P(w_1, w_2, \cdots, w_{t-1}|w_t)}{P(w_1, w_2, \cdots, w_t)}。\tag{4-12}$$

根据大数定理，上述公式又可以近似为：

$$P(w_t|w_1, w_2, \cdots, w_{t-1}) = \frac{count(w_1, w_2, \cdots, w_t)}{count(w_1, w_2, \cdots, w_{t-1})}。\tag{4-13}$$

上述的条件概率表示的含义是：当确定第一个词后，后面的词在前面的词出现的情况下出现的概率。这句话是一个自然语言的概率是：

P(“python”，“是”，“最好的”，“语言”)=P(“python”)P(“是”|“python”)P(“最好的”|“python”，“是”)P(“语言”|“python”，“是”，“最好的”)。

P(“python”)表示“python”这个词在语料库里面出现的概率；

P(“是”|“python”)表示“是”这个词出现在“python”后面的概率；

P(“最好的”|“python”，“是”)表示“最好的”这个词出现在“python是”后面的概率；

P(“语言”|“python”，“是”，“最好的”)表示“语言”这个词出现在“python是最好的”后面的概率。

最后将这些概率求积，得到的就是这个句子出现的概率。如果这个概率非常低，就说明这句话在正常生活中很少见，就有理由推断它不是一句所谓的自然语言。反之，要判断这是一句自然语言就需要较高的概率值。再看上面的计算过程，其实非常麻烦：虽然这句话只有4个词，但是需要计算的P(“python”)，P(“是”|“python”)，P(“最好的”|“python”，“是”)，P(“语言”|“python”，“是”，“最好的”)这4个概率并不简单，考虑词汇的数量非常巨大，再考虑组合数

更是成百上千，P(“最好的”|“python”，“是”)这个有“python”、“是”和“最好的”的组合，估计会有上亿种情况；再考虑P(“语言”|“python”，“是”，“最好的”)这个概率，数量估计又会提高一个量级。所以，为了计算的简便，一般都用较为简单的方式。

上面的公式就可以这样表示：

$$P(s)=P(w_1,\ w_2,\ \cdots,\ w_t)=\prod P(w_i\,|\,\mathrm{Context}_i)\text{。} \tag{4-14}$$

其中，如果$\mathrm{Context}_i$是空的即没有上文词时，就是这个词本身的$P(w)$，如“最好的”的Context就是“python”“是”。接下来介绍如何计算$P(w_i|\mathrm{Context}_i)$，上文我们是通过这句话前面的所有词的条件概率来计算，我们也提到了这样计算也是非常麻烦的。假设一个只有4个词的语料库，如果按排列组合来算，总共就有4!+3!+2!+1!=24种情况；如果把这个语料库扩大250倍，要统计的情况就有$\sum_{i=1}^{1000} i!$种，对于自然语言所拥有的更加巨大的语料库来说，计算机将面临更加复杂的情况。

为了解决这一问题诞生了许多有效的方法，N-gram模型就是典型代表。N-gram究竟是什么意思呢？比如说Context代表一句话中一个词前面的所有词，而N-gram就是只考虑这个词前面的$n-1$个词及这个词本身，总共n个词，用数学公式来表示，即

$$P(w_i\,|\,\mathrm{Context}_i)=P(w_i\,|\,w_{i-n+1},w_{i-n+2},\cdots,w_{i-1})\text{。} \tag{4-15}$$

当n值取得比较小时，计算将会更简单，但是如果n值取得太小，对结果的影响会比较大，从而导致计算出来的概率不准确。根据实验发现，当n=2时结果还可以，n=3时效果很好，但是当n=4时计算机的运算就非常吃力了（表4-1）。

表4-1　N-gram词汇数量

N	所有可能的N-gram数量
2(bigrams)	400 000 000
3(trigrams)	8 000 000 000 000
4(4-grams)	1.6×10^{17}

由表4-1可知，当n=3时就已经让普通计算机不堪重负了。当然，随着技术的发展，计算机的算力将有巨大提升，相信到时候也会有更好的方法出现，而不用简单粗暴的算力来解决问题。在实际研究中，bigram和trigram是被采用最多的方法，

而在效果上也基本令人满意。但即使是N-gram模型也并不完美，它仍存在一些问题，总结如下。

① 由于语料库的限制导致n取值不能太大，基本上都是采用降级的方法。

② 无法体现出词与词之间的相似性，如“特朗普”和“川普”经常都出现在“美国总统”后面，但是模型无法建模出这个两个词的相似度。

③ 对于某些在语料库中不存在的n元组，显然计算其条件概率结果即为0，由于式子是连乘积，从而导致这句话的概率整个都为0了，这显然是不合理的。对于这种情况有两种主要的解决方法：平滑法，即分子分母都分别加一个常数；回退法，所求n元组的概率由n–1元组的概率替代。

虽然N-gram模型解决了不少问题，但是学术的目的在于不断革新和改进，有些学者对目前的解决方法并不满意，因为很多情况下对于第i个词来说，位于它前面的词所具有的语法功能对它非常重要，甚至可以说是条件依赖，于是诞生了一个新的模型——n-pos模型。n-pos模型同样是用来计算$P(w_i|\text{Context}_i)$的，但是计算方法并不相同，首先需要对词按照词性（Part-of-Speech，POS）进行分类，这一步具体的数学表达式为：

$$P(w_i|\text{Context}_i)=P(w_i|c(w_{i-n+1}),c(w_{i-n+2}),\cdots,c(w_{i-1}))\text{。} \tag{4-16}$$

其中，c表示类别映射函数，其使命是完成V个数量的词到K个类别（其中$1\leqslant K\leqslant V$）的映射。经过这样处理，之前V个词的V^n种n元组就减少到了$V\times K^{n-1}$种。

对于原始的那种语言模型来说，并不需要参数，对语料库进行简单直接地统计就能得到所有的概率。但目前的语言模型基本都包含参数，而且这些参数往往非常重要，目标函数也基本都使用极大似然函数。下面讨论这个问题，这里假设语料库是一个包含T个词的词序列s，其中有V个词，据此则可以构建如下的极大似然函数：

$$L=\prod_{i=1}^{T}P(w_i|\text{Context}_i)\text{。} \tag{4-17}$$

再做对数似然：

$$l=\log L=\frac{1}{V}\sum_{i=1}^{T}\log P(w_i|\text{Context}_i)\text{。} \tag{4-18}$$

其实上面的问题跟正常的情况有所区别，是另一种表达。假设由有S个句子组成的一个含有V个词的句子序列（不考虑顺序）的语料库，似然函数表达式就是下面的形式：

$$L=\prod_{i}^{S}\left(\prod_{i_j=1}^{T_j}P(w_{i_j}\mid \text{Context}_{i_j})\right)。\tag{4-19}$$

同样，对数似然形式如下：

$$l=\log L=\frac{1}{V}\sum_{j=1}^{S}\left(\sum_{i_j=1}^{T_j}\log P(w_{i_j}\mid \text{Context}_{i_j})\right)。\tag{4-20}$$

为什么会有参数呢？对于 $P(w_i\mid \text{Context}_i)$ 的计算，开发出来了非常多的方法，如上文提到的平滑法、回退法，参数的必要性也开始体现，如平滑法中为了避免 0 的出现，给分子和分母加的常数就需要参数来表示。除此之外，当研究人员采用的是trigram时，他就不得不存储一个体积庞大的元组和概率的映射，因为如果提前不存储，在调用之时就需要进行实际统计，显然这过于缓慢。然而储存这个东西需要非常大的内存，这对计算机来说并不轻松。值得庆幸的是，头脑聪明的研究人员思考出了解决办法，他们决定通过函数来对 $P(w_i\mid \text{Context}_i)$ 进行一种拟合计算，也就是说，不再根据语料库进行繁杂的统计来得出 $P(w_i\mid \text{Context}_i)$，只需要把Context和 w_i 代入一个函数就可以计算出来，那个巨大的映射集在使用的时候就不再需要了。用数学表达式描述就是：

$$P(w_i\mid \text{Context}_i)=f(w_i,\text{Context}_i;\theta)。\tag{4-21}$$

那么，对这个函数具体形式的探索就是word2vec的主要工作内容了。

神经网络语言模型在近几年开始风靡，它也属于机器学习的一种，其主要过程是：通过构建的模型对词序列的概率进行建模，选择并构造一个合适的目标函数，训练过程就是对目标函数值的不断优化，最终的训练结果是得到模型的最优参数，拥有最优参数的模型就可以用来预测一个新的词序列的概率。假设词序列概率 $P(w|\text{Context}(w))$ 是 w 和 $\text{Context}(w)$ 的函数，其中 $\text{Context}(w)$ 表示此 w 的上下文，即相当于前面所述的 N-gram 模型的前 $n-1$ 个词，那么就有如下数学表示：

$$P(w\mid \text{Context}(w))=F(w,\text{Context}(w),\theta)。\tag{4-22}$$

目标函数采用对数似然函数，表示如下（其中 N 代表语料库中词典的大小）：

$$Obj=\frac{1}{N}\sum_{i=1}^{N}\log P(w_i\mid \text{Context}_i)。\tag{4-23}$$

通过优化算法不断最小化目标函数得到一组优化的参数 θ，在神经网络中，参数 θ 则为网络层与层间的权值与偏置。那么一个词在通过神经网络语言模型训练时，究竟是如何表示的呢？通常，在机器学习领域，是将一个样本对象抽象为一个向量，与之类似，神经网络语言模型是将词（或短语）表示为向量，通常叫作word2vec。那么神经网络语言模型就可以表示如图 4-1 所示。

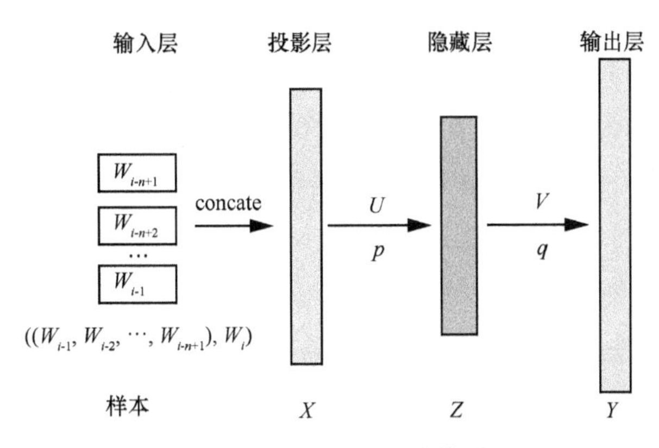

图 4-1　神经网络语言模型

由图 4-1 可知，神经网络语言模型分为 4 个层次：输入层、投影层、隐藏层及输出层。其中投影层只是对输入层做了一个预处理，将输入的所有词进行一个连接操作，假如一个词表示为m维向量，那么由n–1 个词连接后则为$(n-1)m$维向量，将连接后的向量作为神经网络的输入，经过隐藏层再到输出层，其中W、U分别为投影层到隐藏层、隐藏层到输出层的权值参数，p、q分别为投影层到隐藏层、隐藏层到输出层的偏置参数，整个过程数学表达如下：

$$\begin{cases} Z = \sigma(WX + p) \\ Y = UZ + p \end{cases} \text{。} \tag{4-24}$$

其中，σ为sigmoid函数，作为隐藏层的激活函数，输出层的输出向量为N维，对应语料库中词典的大小。一般需要再经过Softmax归一化为概率形式，得到预测语料库中每个词的概率。

以上神经网络语言模型看似很简单，但是词向量又是从何而来，如何将一个词转化为向量的形式呢？下面做详细阐述。对自然语言处理（NLP）的研究，主要是运用各种机器学习算法通过计算机来完成。由于机器并不具有人的理解能力，它只认数学符号，所以我们通常需要将自然语言做预处理，将其数学化。向量是人类现实世界与机器之间交互的完美介质，用向量来表示词然后输入机器进行训练也是最佳方法，词向量的说法也就应运而生。我们经常使用的词向量表示方式有两种：One-Hot Representation和Distributed Representation。其中One-

Hot Representation是最简单的词向量表示方式，就是用一个维度很高的向量来表示一个词，而向量的维度为词典的大小，当这个词所对应的向量的分量是1时，其他全为0，1所处位置也就表示了在准备好的词典中这个词所处的位置。举例来说：

“土豆”表示为[0 0 1 0 0 0 0 0 0 0 0 0 0 0 0 0 0 …]，

“马铃薯”表示为[0 0 0 0 0 0 0 1 0 0 0 0 0 0 0 0 …]。

这种One-Hot Representation显得非常的稀疏，毕竟词典的体积并不娇小，对其进行储存的方式也简单明了：给每个词分配唯一的一个数字ID。如上述例子中，按照计算机的计数规则起始为0，则土豆记为2，马铃薯记为7。在实际的编程过程中，只需要利用哈希表为词表中的每个词一一对应编号即可。这种简洁的表示方法再配合各种机器学习算法，如条件随机场、最大熵、支持向量机等，在自然语言处理研究领域的各种主流任务中都取得了不错的表现。词向量要做的事就是将语言数学化表示，以往的做法是采用One-Hot Representation表示一个词，即语料库词典中有N个词，那么向量的维度则为N，给每个词编号，对于第i个词，其向量表示除了第i个单元为1，其他单元都为0的N维向量，这种词向量的缺点显而易见，一般来说语料库的词典规模都特别大，那么词向量的维度就非常大，并且词与词之间没有关联性，并不能真实地刻画语言本身的性质，如“腾讯”“马化腾”这两个词通过One-Hot Representation向量表示，没有任何关联。

总的来说，这种词向量表示方法有两个主要问题：① 把它用在拥有海量数据的深度学习的一些算法时就会难以避免地发生维数灾难；② 词与词之间具有“词汇鸿沟”，即两个词完全孤立，其相似性不能很好地得到刻画，哪怕是土豆和马铃薯这样的同义词都无法看出其相关性。

为了解决One-Hot Representation表示方法的缺点，1986 年由 Hinton提出了另一种表示方法：分布式表示 。这种方法就是用一个普通向量来表示一个词，这种向量形式一般是这样：[0.352，–0.675，–0.157，0.569，–0.426，…]，向量维度一般是 50 维和 100 维，一个词的词向量通过模型训练得到，而训练方法非常多，其中就包含word2vec。不能忽视的是，有差别的语料库及训练方法会导致即使是同一个词，其词向量表示也是不同的。通过这种方法训练得到的词向量一般维数不高，从而大大避免了One-Hot Representation经常遇到的维数灾难的情况。向量表示的优势在于，训练得较好的词向量一般在空间上是具有意义的，即所得的词向量可以组成一个词向量空间，每个空间中的点就是一个词向量，而两个词之间的相关度就可以用空间上两个词向量之间的距离来表示。这会有一个很好的应用场景，例如，我们想找出与某个词最相似的词。即使是人类回答这个问题也不轻松，因为答案会比较主观。但是对计算机来说，在词向量空间构建完成之后，只需要计算两个词的词向量的欧式距离或者Cosine距离，与一个词距离最小的那个词，就是与这个词最相似的。词向量神奇的空间意义让很多研究者都投入其中，如Bengio的论文“A Neural Probabilistic Language Model”，还有Hinton提出的层次化Log-Bilinear模型，以及Google的Tomas Mikolov 团队开发的word2vec等，各种成果如雨后春笋般涌现出来。为了克服One-Hot Representation 表示的缺点，谷歌研究员Mikolov完善了这种分布式表示。在大家都在如火如荼地用CNN做图像识别的时候，Mikolov却在研究如何用神经网络处理NLP问题，最后发表了大量关于神经网络NLP的高水平论文，成为这一领域的中流砥柱之一。顾名思义，分布式表示就是把词的信息分布到向量不同的分量上，而不是像One-Hot Representation那样将所有信息集中在一个分量上，它的做法是将词映射到m维空间，表示为m维向量，该过程也称之为词嵌入，这样做一方面可以减小词向量的维度；另一方面可以将有关联的词映射为空间中相邻的点，词与词之间的关联性通过空间距离来刻画。词向量是一种在低维向量空间中学习词的稠密表示的技术。每个词可以被看作向量空间中的一个点，用固定长度的向量表示。词向量之间拥有以下有趣的关系：

$$\begin{cases}\overrightarrow{\text{King}}-\overrightarrow{\text{Queen}}=\overrightarrow{\text{Man}}-\overrightarrow{\text{Woman}}\\\overrightarrow{\text{Paris}}-\overrightarrow{\text{france}}=\overrightarrow{\text{Germany}}-\overrightarrow{\text{berlin}}\end{cases}\text{。}\tag{4-25}$$

词向量的衍变及其原理在于涉及词的工作是在文档工作下更细致的工作，手工处理异常困难。但是在做一些数学计算时，数字是解决表达形式的最好办法。举个例子，我们可以轻易地表达 2 是比 3 更接近 1 的。然而，想形象表达王后的语义比钢琴的语义更接近国王却很困难，而且，用线性转换函数（在神经网络中非常重要）来处理真实数字很烦琐。起初有人提出一个开创性的思想，用一个表记录每个词的函数值，但是，对于人工操作来说这很麻烦。另一个思想就是让每个词与数产生关联。词典应运而生，将词典中的每个词映射到相应的数，这样就建立了向量空间模型。空间中的每一项就对应词典的全维度中的一维。这种向量空间特性使得词向量开始统治机器翻译领域，如Google的Tomas Mikolov 团队利用向量空间的思路发明了自动生成术语表和词典的新技术，完成机器翻译，在实验中通过对英语和西班牙语的互译测评，发现这种新技术的准确率居然达到了90%。其算法的具体工作原理是：首先通过神经网络训练分别得到英语和西班牙语的词向量空间，分别用E和S表示。设在E中5个数one、two、three、four、five一次用v1、v2、v3、v4、v5表示其词向量，然后利用PCA（Principal component analysis ）把对应的词向量降到二维，即最后图中所示的u1、u2、u3、u4、u5，这5个向量在二维空间位置关系如图4-2a所示。同理，设S中uno、dos、tres、cuatro、cinco（西班牙语中的1、2、3、4、5）对应的词向量分别为s1、s2、s3、s4、s5，同样用PCA降维后其二维向量分别为t1，t2，t3，t4，t5，其在二维空间位置关系如图4-2b所示。

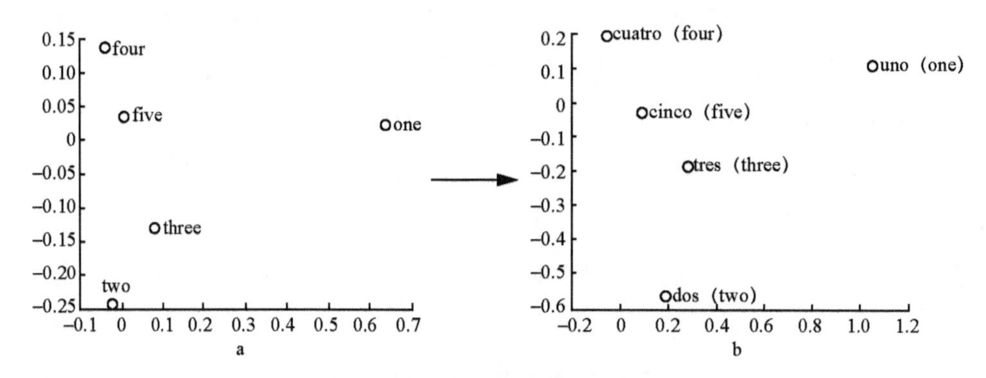

图4-2　词翻译及转换

由图4-2可知：选取的5个具有相同含义的词向量在各自的向量空间中的相对位置很相似，这说明即使是两门语言在对其独立构建相应的向量空间之后，其向量空间的结构仍非常相似，这表明了词向量空间能够合理表达词与词之间的相似性。

但是词向量空间模型存在两方面问题。首先，由于词汇量很大，导致词向量通常会拥有很高的维度，这使得计算会变得很难处理。其次，虽然将每个词映射为一个数，但这些数并不能表现词与词之间语义关系。为了处理这些问题，人们想到用一个一维向量来表示每个词项，这就大大减少了词向量空间的大小。这些词向量就称为词嵌入。人们希望一个词嵌入能够尽可能地承载更多语义关系。例如，在新生成的向量空间中，“猫”和“狗”或者“啤酒”和“面包”的向量距离尽可能减小。主要采取的方式就是用无监督的方式独立地学习词向量，如word2vec算法（Mikolov于2013年发表）或者Glove算法（Pennington于2014年发表），通过这种方式训练后的词向量，可以初始化一个词向量模型，模型的训练将变得很快。下面将从算法和应用两个方面来说明word2vec强大。

word2vec在算法层面有两种类型，其中每一种类型又包含两个策略，所以总共有4种。介绍最常用的一种。其网络结构如图4-3所示。

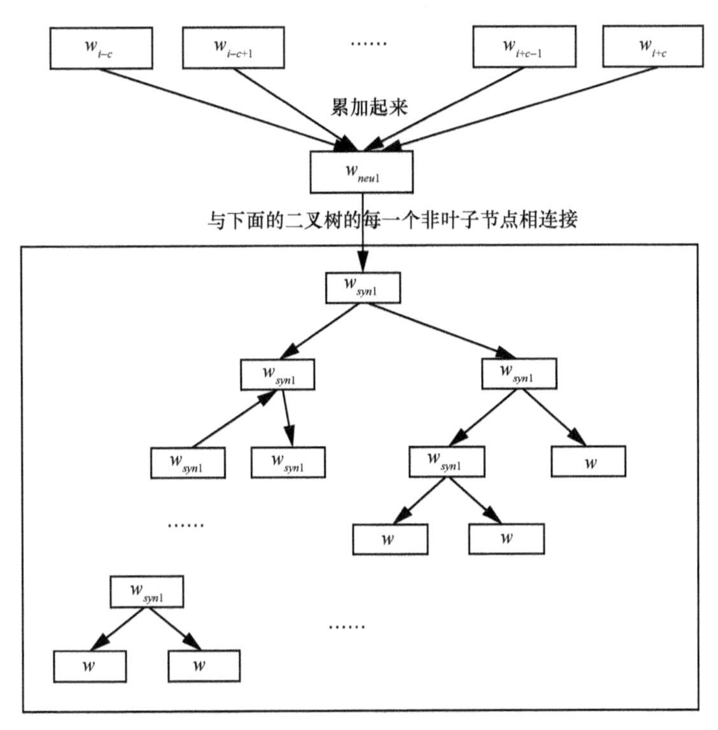

图4-3 word2vec网络结构

第一层即输入层的输入是词序列词向量，对这些词向量做累加求和处理后输入中间隐藏层。在第三层中二叉树其实是所谓的霍夫曼树，向量则储存在相应的非叶子节点中且都与隐藏层节点连接，这里的向量是某一类词的向量，而非某一确定的词，w表示每个叶子节点代表的词向量，霍夫曼树的作用就在于把训练语料中的所有词用叶子节点表示并一一对应。

对于上文介绍的网络结构来说，当网络训练完成之后，如果给定一句由词w_1，w_2，w_3，…，w_T组成的话s，就可以利用模型计算这句话是自然语言的概率了，计算的公式如下：

$$P(s)=P(w_1, w_2, \cdots, w_T)=\prod_{i=1}^{T}P(w_i|\text{Context}_i)。 \tag{4-26}$$

根据上文，参数w是条件概率值，所以式中的Context表示的是该词前后的c个词，c的值一般是1～5的一个随机数；每个$P(w_i|\text{Context}_i)$代表的意义是当一个词周围的c个词已经确定时，这个词位于这里的概率。例如："大家/喜欢/吃/好吃/的/苹果"，把它分词之后一共有6个词，我们假设"吃"这个词的c=2，那么"吃"这个词的上下文窗口就是"大家"、"喜欢"、"好吃"和"的"这4个词，而且这4个词的顺序可以乱，这也是word2vec的一个特点。

用图4-3的网络结构来计算$P(w_i|\text{Context}_i)$，用例子来说明具体的计算方法。当我们假设"吃"这个词的c=2时，依据其上下文来计算其出现的概率，如果"吃"这个词位于霍夫曼树最右边的叶子节点，根节点到这个节点之间就会有2个非叶子节点，我们用A来表示根节点所对应的那一个词向量，用B来表示根节点的右kid节点所对应的那一个词向量，而所有Context的词向量的和为C，则：

$$P(\text{吃}\,|\,\text{Context}_{\text{吃}}) = (1-\sigma(A\cdot C))\cdot(1-\sigma(B\cdot C))\text{。} \tag{4-27}$$

其中，$\sigma(x)=1/(1+e^{-x})$，表示sigmoid公式。

同理，我们对"大家喜欢吃好吃的苹果"这句话中每个词都计算一个$P(w_i\,|\,\text{Context}_i)$，然后把所有的条件概率值连乘起来最后得到一个联合概率，而这个概率的作用就是用来判断这句话是不是一句自然语言。判断的方法是，当所得概率超过某个阈值，我们就判断这是一句自然语言；反之就判断其不是自然语言，将其排除。但是对于这个利用神经网络构建的语言模型来说，重要的并不是计算出来的概率，而是从输出层得到的那些词向量。word2vec算法中最重要的部分则是训练得到这些词向量的过程。

下面涉及优化目标与解的问题。

首先，上文已经提到语言模型的最终目标就是判断一句话是不是正常语言，判断的方法则需要计算很多如$P(w_i|\text{Context}_i)$这样的条件概率，然后对这些条件概率进行连乘最后得到一个联合概率。对于$P(w_i|\text{Context}_i)$的计算，在word2vec中所采用的方法是在神经网络模型中使用能量函数。我们知道能量模型的优势在于，对于全部指数族的分布它都能够拟合。所以，当需要计算的条件概率确实符合某一个指数族的分布时，就可以用能量模型来拟合。而在word2vec中就认为条件概率$P(w_i|\text{Context}_i)$满足要求。与之对应的，word2vec的能量函数形式非常简单：

$$E(A,C)=-(A,C)\text{。} \tag{4-28}$$

在上式中，某个词的词向量用A表示，C表示的是词对应的Context，即上下文词向量的和；“·”为向量之间进行内积的运算符号。根据构建的能量模型（其中设模型温度恒为1），即可求出Context为C时词A的概率：

$$P(A|C)=\frac{e^{-E(A,C)}}{\sum_{V=1}^{V}e^{-E(W_V,C)}}。 \tag{4-29}$$

V表示语料库中词的个数，这个定义的意思是先计算语料库中所有的词的能量，然后再通过比值计算A的概率。在论文“Hierarchical Probabilistic Neural Network Language Model”里有定义这种能量模型所特有的计算方式，此处做了一些调整。

再回顾一下对一个句子进行判断所需的计算过程：首先利用能量函数计算上下文context每个词的“能量”，然后再对指数值累加求和，只为了计算一个词的概率，这其实并不容易。注意分母，对语料库里面的每个词，分母都要算上能量函数，而且再加和，假如有V个词汇，整个语料库有W个词，那么一轮迭代中光计算分母就有$W\times V\times D$次乘法。比如，语料库有100 000 000个词，词汇量是10 000，计算100维的词向量，一轮迭代要10^{14}次乘法，计算机计算能力一般是10^{9}每秒，然后一轮迭代就要跑100 000秒，大约27小时，一天多的时间，那么1000轮迭代需要3年。因此，有的学者又提出了以下改进。如果把训练语料库中的词平均分成两类：G类和H类，假设词A属于G类，那么就得到下面的式子：

$$P(A|C)=P(A|G,\ C)P(G|C)。 \tag{4-30}$$

根据条件概率的求解公式，式（4-30）的意思是，计算词A在C确定的条件下出现的概率，等于在C确定的条件下G类词出现的概率，乘上在C和G类词同时确定的情况下词A出现的概率。在重要论文“Hierarchical Probabilistic Neural Network Language Model”中有关于这个的证明，原始式子为：

$$P(Y=y|X=x)=P(Y=y|D=d(y),X)P(D=d(y)|X=x)。 \tag{4-31}$$

其中，d表示把Y中的元素映射到词类别D中元素的一个映射函数。证明如下：

$$\begin{aligned}P(Y|X)&=\sum_i P(Y,D=i|X)\\&=\sum_i P(Y,D=i,X)P(D=i|X)\\&=P(Y|D=d(Y),X)P(D=d(Y)|X)。\end{aligned} \tag{4-32}$$

式（4-32）表达的信息就是先将语料库中的所有词划分为两大部分，再计算词

A在C（上下文Context）确定的情况下出现的概率，这样更简洁。这样极大降低了计算量，首先假设现在语料库已划分为G、H两大部分，且均由词向量表示。为了便于理解，我们先考虑一种极端情况，即假设整个语料库只有两个词，那么看下面的式子就很好理解了。我们再考虑更为普遍且现实的多词情况，显然就可以认为语料库中的词被划分为了两个词团，其中G和H分别表示一个词团的词，那么概率的计算就以全部词团为单位，则$P(G|C)$的值由下式可得：

$$P(G\mid C)=\frac{e^{-E(G,C)}}{e^{-E(G,C)}+e^{-E(H,C)}}=\frac{1}{1+e^{-(-(H-G)\cdot C)}}=\frac{1}{1+e^{-E(H-G,C)}}。\tag{4-33}$$

也就是说，可以不用关心这两个簇用什么表示，只需要用一个F=H-G的类词向量就可以来计算$P(G|C)$了，这一步节省了很多的时间。继续看另外一步：

$$P(A\mid G,C)=\frac{e^{-E(A,C)}}{\sum_{WEG}e^{-E(W,C)}}。\tag{4-34}$$

因为G中的词数量只有$V/2$，换句话说只要计算$V/2$个词的能量就能计算分母。即使已经把计算量减少了一半，科学家们仍不满足。于是他们把G类词继续进行划分，分为两个簇GG、GH，其中A被划分到GH中，得到：

$$P(A\mid G,C)=P(A\mid GH,G,C)P(GH\mid G,C)。\tag{4-35}$$

同样有

$$P(GH\mid G,C)=\frac{1}{1+e^{-E(GG-GH,C)}},\tag{4-36}$$

$$P(A\mid GH,G,C)=\frac{e^{-E(A,C)}}{\sum_{WGH}e^{-E(W,C)}}。\tag{4-37}$$

同理，将GG-GH用类词向量来表达，此时：

$$P(A\mid C)=P(A\mid GH,G,C)P(GH\mid G,C)P(G\mid C)。\tag{4-38}$$

假设当一直划分到GHG簇，只剩下两个词时，如果继续划分两簇分别为$GHGG$和$GHGH$，而在簇$GHGG$中仅包含词A，则$P(A|C)$的值为：

$$\begin{aligned}P(A\mid C)=&P(A\mid GHGG,GHG,GH,G,C)P(GHGG\mid GHG,GH,G,C)\\&P(GHG\mid GH,G,C)P(GH\mid G,C)P(G\mid C)。\end{aligned}\tag{4-39}$$

其中，因为$GHGG$中只有一个词A，所以$P(A|GHGG，GHG，GH，G)$等于1，代入式（4-39）即有：

$$P(A|C)=P(GHGG|GHG,GH,G,C)P(GHG|GH,G,C)P(GH|G,C)P(G|C)\text{。} \tag{4-40}$$

即

$$P(A|C)=\frac{1}{1+e^{-E(GHH-GHG,C)}}\cdot\frac{1}{1+e^{-E(GG-GH,C)}}\cdot\frac{1}{1+e^{-E(H-G,C)}}\text{。} \tag{4-41}$$

如果再令$FFF=GHH-GHG$，$FF=GG-GH$，$F=H-G$，那么只需要计算C和这3个词的能量函数就可以得到$P(A|C)$，计算量大大减少。

对于上文说到的霍夫曼树，假设H表示向左，G表示向右，从右至左第二个叶子节点为A。这样F、FF、FFF也就为此叶子节点所在的路径之上的3个非叶子节点。

可是一个词的位置并不固定，即在根节点处，如果是$P(G|C)$则$F=H-G$，如果是$P(H|\text{C})$则$F=G-H$。解决办法是令F恒为$H-G$，则就一直有：

$$P(H|C)=\frac{1}{1+e^{-E(F,C)}}\text{。} \tag{4-42}$$

而且$P(G|C)=1-P(H|\text{C})$。如此，每个非叶子节点就与一个词向量形成一一映射了。

同理，可以计算概率$P(\text{吃}|\text{Context}_{\text{吃}})$：

$$P(w|\text{Context})=\prod_{k=1}^{K}P(d_k|q_k,C)=\prod_{k=1}^{K}\left((\sigma(q_k\cdot C))^{1-d_k}\cdot(1-\sigma(q_k\cdot C))^{d_k}\right)\text{。} \tag{4-43}$$

其中，qk表示从根节点至叶子节点之间的路径之上的非叶子节点，上下文Context词向量累加得到的向量用C表示，dk表示编码也就是分类。由于在霍夫曼树上每个非叶子节点都只包含两个子节点，那么当wi位于这个节点的左子树上叶子节点上时$dk=0$，反之$dk=1$。若是如此，就能用一组霍夫曼编码来表示每一个词，即式子中间的dk。这样就可以利用霍夫曼树上的那些非叶子节点还有词w的霍夫曼编码来计算整个$P(w|Context)$。根据之前的讨论，已经知道了语料库里面每个词都要从根节点下来，一直走到叶子节点，每经过一个非叶子节点，就要计算一个sigmoid函数。信息熵理论给出了最优的方案——霍夫曼树。

对于目标函数来说，假设其是由有不需要考虑顺序的S个句子构成的一个含有V个词的句子序列的训练语料库，其似然函数表达式就是下面的形式：

$$L(\theta)=\prod_{j}^{S}\left(\prod_{i_j=1}^{T_j}P(w_{i_j}|\text{Context}_{i_j})\right)\text{。} \tag{4-44}$$

上式表达的是面向整个语料库做极大似然，其中T_j的含义是在第j个句子中词的数量。对数似然如下式：

$$l(\theta)=\log L(\theta)=\frac{1}{V}\sum_{j=1}^{S}\left(\sum_{i_j=1}^{T_j}\log P\left(w_{i_j}\mid \text{Context}_{i_j}\right)\right)。 \tag{4-45}$$

在word2vec中，上面提到的似然函数需要得到调整，改写成下面的形式：

$$L(\theta)=\prod_{j}^{S}\left(\prod_{i_j=1}^{T_j}P(w_{i_j}\mid \text{Context}_{i_j})\right)=\prod_{j}^{S}\left(\prod_{i_j=1}^{T_j}\left(\prod_{k_{i_j}=1}^{K_{i_j}}\left(\left(\sigma(q_{k_{ij}}\cdot C_{i_j})\right)^{1-d_{k_{ij}}}\cdot\left(1-\sigma(q_{k_{ij}}\cdot C_{i_j})\right)^{d_{k_{ij}}}\right)\right)\right)。 \tag{4-46}$$

上下文相加的词向量用C_{i_j}表示。对数似然如下式：

$$\begin{aligned}l(\theta)=\log L(\theta)&=\prod_{j}^{S}\left(\prod_{i_j=1}^{T_j}\left(\prod_{k_{i_j}=1}^{K_{i_j}}\log\left(\left(\sigma(q_{k_{ij}}\cdot C_{i_j})\right)^{1-d_{k_{ij}}}\cdot\left(1-\sigma(q_{k_{ij}}\cdot C_{i_j})\right)^{d_{k_{ij}}}\right)\right)\right)\\&=\prod_{j}^{S}\left(\prod_{i_j=1}^{T_j}\left(\prod_{k_{i_j}=1}^{K_{i_j}}\left[(1-d_{k_{ij}})\log\sigma(q_{k_{ij}}\cdot C_{i_j})+d_{k_{ij}}\log\left(1-(q_{k_{ij}}\cdot C_{i_j})\right)\right]\right)\right)\end{aligned}。 \tag{4-47}$$

这个式子和可以用于做二分类的大家都很熟悉的逻辑回归——Logistic Regression模型很相似。这其实正是word2vec的处理思路，其中当dk=0时，也就是在霍夫曼树向左时即为正类，反之向右就识别为负类（此处正负类单纯指代两种类别）。正类样本就是一个C和一个词位于左子树，反之则是一个负类样本，利用上面的参数能够将样本属于正类的概率计算出来，即$\sigma(q_{ij_k}\cdot \text{Context}_{i_j})$，当然，若向右的话，就是1-$\sigma(q_{ij_k}\cdot \text{Context}_{i_j})$。需要注意的是从霍夫曼树的根节点开始，每个叶子节点都会产生一个样本的标签（属于正类或负类），如上文所说，向左时霍夫曼编码d_k=0，所以说每一个样本标签就理所当然地用1–d_k表示。

上式中$l(\theta)$即为对数似然，训练目标是最小化目标函数值，所以就转换为负对数似然f=–$l(\theta)$。具体的解法是SGD（随机梯度下降法），简单来说就是对输入的每一个样本都进行迭代计算目标函数梯度，然后反向更新权重，而迭代样本只更新和它有关的权重，其他没有联系的参数则不会发生改变。在上式中，对于第j个样本对应的第ij个词应有的负对数似然函数为：

$$f_{i_j}=P(w_{i_j}\mid C_{i_j})=-\sum_{k_{ij}=1}^{K_{ij}}\left[(1-d_{k_{ij}})\log\sigma(q_{k_{ij}}\cdot C_{i_j})+d_{k_{ij}}\log(1-\sigma(q_{k_{ij}}\cdot C_{i_j}))\right]。 \tag{4-48}$$

在进程进行到第k_{ij}个非叶子节点时，第j个样本对应的第ij个词应有的负对数似然为：

$$f_{k_{ij}}=-(1-d_{k_{ij}})\log\sigma(q_{k_{ij}}\cdot C_{i_j})-d_{k_{ij}}\log(1-\sigma(q_{k_{ij}}\cdot C_{i_j}))。\tag{4-49}$$

在计算$f_{k_{ij}}$的梯度时，需要注意参数如$q_{k_{ij}}$和C_{i_j}，其中C_{i_j}的梯度会在计算w_{i_j}的时候用到。其中$\log\sigma(x)$的导函数为$1-\sigma(x)$，同理$\log(1-\sigma(x))$的导函数为$-\sigma(x)$，可以推导出：

$$\begin{aligned}Fq(q_{k_{ij}})&=\frac{\sigma J_{k_{ij}}}{\partial q_{k_{ij}}}=-(1-d_{k_{ij}})\cdot(1-\sigma(q_{k_{ij}}\cdot C_{i_j}))\cdot C_{i_j}-d_{k_{ij}}\cdot(-\sigma(q_{k_{ij}}\cdot C_{i_j}))\cdot C_{i_j}\\&=-(1-d_{k_{ij}}-\sigma(q_{k_{ij}}\cdot C_{i_j}))\cdot C_{i_j},\end{aligned}\tag{4-50}$$

$$\begin{aligned}Fc(q_{k_{ij}})&=\frac{\sigma J_{k_{ij}}}{\partial C_{ij}}=-(1-d_{k_{ij}})\cdot(1-\sigma(q_{k_{ij}}\cdot C_{i_j}))\cdot q_{k_{ij}}-d_{k_{ij}}\cdot(-\sigma(q_{k_{ij}}\cdot C_{i_j}))\cdot q_{k_{ij}}\\&=-(1-d_{k_{ij}}-\sigma(q_{k_{ij}}\cdot C_{i_j}))\cdot q_{k_{ij}}。\end{aligned}\tag{4-51}$$

上式中的Fq和Fc并不是完全形式而只是简写，在计算了梯度之后就能对全部参数进行迭代：

$$q_{k_{ij}}^{n+1}=q_{k_{ij}}^{n}-\eta Fq(q_{k_{ij}}^{n})。\tag{4-52}$$

与此同时，也可以对所有词及其对应的词向量都进行迭代更新：

$$w_I^{n+1}=w_I^{n}-\eta\sum_{k_{ij}=1}^{K_{ij}}Fc(q_{k_{ij}}^{n})。\tag{4-53}$$

这里的迭代w_I是针对所有输入词来说的，也就是每个词的词向量都会更新（注意：上下文的词才是输入词，才根据梯度更新了，但是w_{ij}这个词本身不更新，就是轮到它自己在中间的时候就不更新了）。

具体的解释在论文“Hierarchical Probabilistic Neural Network Language Model”及另一篇论文“Three New Graphical Models for Statistical Language Modelling”中有，在实验过程中，研究人员一般都是将上下文窗口的所有词所对应的词向量首尾相连，从而得到一个长向量，或是构造一个巨大的$v\times m$矩阵，其中m代表词向量的维度，然后对长向量或者矩阵求梯度，自然而然地每个词向量就同时计算了。

对于这个迭代式，就是用对C的偏导迭代，我认为可以这么理解，关于C的偏导既是关于隐藏层的偏导（就是 $2c$ 个向量相加平均），同时也是关于输入层里各个词向量的偏导（不太准确，还要再乘上一个常数），这是因为隐藏层上的激活函数是线性的，而且输入层到隐藏层的线性变换的各个权重都是（$1/2c$），考虑一下求偏导的链式法则就行了。

再讨论下代码中的具体技巧问题，在上文中 c 表示一个词前后取词的距离，即窗口大小，具体代码中含义有所不同。在图 4-4 中，b 的含义是一个位于 0~(*window*−1) 的随机生成的数，而变量 *window* 是由用户自己确定的，一般默认值取 5（代码中的 c 代表当前处理到的那个词的下标，实际的随机变量是 b）。在代码实际实现过程中，首先在 0~（*window*−1）的范围内通过随机生成得到 b，对于第 i 个词来说，在代码中的变量是 *sentence_position*，训练词的窗口的起点是第 *i*-(*window*−*b*) 个词，而终点是第 *i*+(*window*−*b*) 个词，中间用 *a*!=*window* 这个判断跳过了这个词，也就是更新词向量的时候只更新上下文相关的几个输入词，这个词本身是不更新的。

在代码中用矩阵 ***syn1*** 表示 $q_{k_{ij}}$，用 **neu1** 表示 C_{i_j}。霍夫曼树中，叶子节点的每个词向量则用 ***syn0*** 表示，然后利用下标移动去读取。

核心代码如图 4-4 所示，其中的 vocab[word].code[d] 表示 $d_{k_{ij}}$，其他表示的是迭代过程。

```
413        for (a = b; a < window * 2 + 1 - b; a++) if (a != window) {
414          c = sentence_position - window + a;
415          if (c < 0) continue;
416          if (c >= sentence_length) continue;
417          last_word = sen[c];
418          if (last_word == -1) continue;
419          for (c = 0; c < layer1_size; c++) neu1[c] += syn0[c + last_word * layer1_size];
420        }
421        if (hs) for (d = 0; d < vocab[word].codelen; d++) {
422          f = 0;
423          l2 = vocab[word].point[d] * layer1_size;
424          // Propagate hidden -> output
425          for (c = 0; c < layer1_size; c++) f += neu1[c] * syn1[c + l2];
426          if (f <= -MAX_EXP) continue;
427          else if (f >= MAX_EXP) continue;
428          else f = expTable[(int)((f + MAX_EXP) * (EXP_TABLE_SIZE / MAX_EXP / 2))];
429          // 'g' is the gradient multiplied by the learning rate
430          g = (1 - vocab[word].code[d] - f) * alpha;
431          // Propagate errors output -> hidden
432          for (c = 0; c < layer1_size; c++) neu1e[c] += g * syn1[c + l2];
433          // Learn weights hidden -> output
434          for (c = 0; c < layer1_size; c++) syn1[c + l2] += g * neu1[c];
435        }
```

图 4-4　代码迭代过程

由图 4-4 可以看出，第 419 行代码的作用是计算 C_{ij}，第 425~第 428 行负责计算 f，即 $\sigma(q_{k_{ij}} \cdot C_{i_j})$ 的值，第 432 行用来表示累积 C_{ij} 的误差，第 434 行表示 $q_{k_{ij}}^{n+1}$。

图 4-4、图 4-5 更新了所有输入词，其中第 432 行里所得到的误差累积的结果就是更新的幅度。

```
457        // hidden -> in
458        for (a = b; a < window * 2 + 1 - b; a++) if (a != window) {
459          c = sentence_position - window + a;
460          if (c < 0) continue;
461          if (c >= sentence_length) continue;
462          last_word = sen[c];
463          if (last_word == -1) continue;
464          for (c = 0; c < layer1_size; c++) syn0[c + last_word * layer1_size] += neu1e[c];
465        }
```

图 4-5　更新过程代码

CBOW（连续词袋模型）累加抽样网络结构如图 4-6 所示。

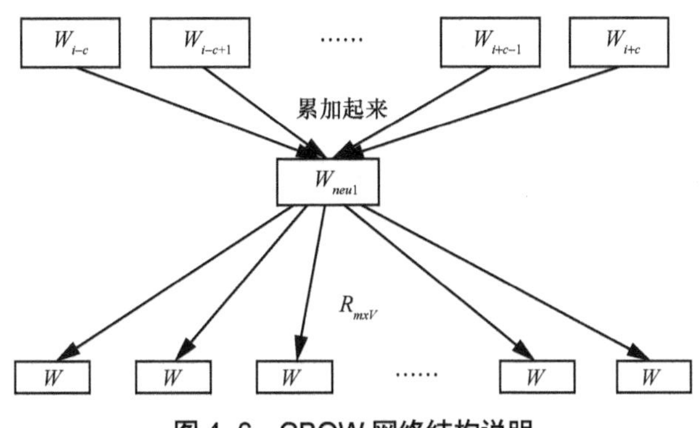

图 4-6　CBOW 网络结构说明

由图 4-6 可知，通过累加上下文的词向量得到中间隐藏层向量，然后通过训练过程中的临时矩阵R来连接隐藏层与全部输出节点，显然R的作用尤为重要。

CBOW采用累加抽样方法的目的主要是为了减小计算量，在上文中提到了条件概率计算的复杂程度，也就是式中对$P(A|C)$的计算。在论文“Distributed Representations of Words and Phrases and their Compositionality”中，采用了NCE的方法来替代之前使用的霍夫曼树的方法，在前面提到对于word2vec来说最重要的是得到词向量而不在于概率的计算，因此提出了一种负采样的方法，它是NCE的简化方法，简单地说即是在第j个句子中的第ij个词w_{ij}处使用下面的式子来代替$\log P(w_{i_j} \mid \text{Context}_{i_j})$：

$$\log\sigma(w_{i_j} \cdot C_{i_j}) + \sum_{k=1}^{K} E_{w_k \sim p_V(w)} \log(1-\sigma(w_k \cdot C_{i_j}))\text{。} \tag{4-54}$$

其中，$p_V(w)$表示词频的分布，而E的下标表示w_k符合某个分布。

式子的第二项的含义是求K个期望的累加和，其中每一个期望，都是指在该上下文的情况下不出现这个词的期望。利用受限玻尔兹曼机中计算梯度时的蒙特卡洛抽样的方法，对于期望值的计算可以只抽取一个样本即可。

从代码来看，期望值就只用了一个样本来估算，全部式子经过这种简化处理后得到：

$$\log\sigma(w_{i_j}\cdot C_{i_j})+\sum_{k=1}^{K}\log(1-\sigma(w_k\cdot C_{i_j}))\text{。} \tag{4-55}$$

其中，正类样本用w_{ij}表示，负类样本为w_k。将上文中的$\log P(w_{i_j}\mid \text{Context}_{i_j})$用上式替代，即为所求CBOW加抽样的目标函数。

统一地将正类样本设置标签为1，与之对应的负类即为0，最后所有样本所对应的负对数似然全部用下面的式子表示：

$$f_w=-label\cdot\log\sigma(w\cdot C_{i_j})-(1-label)\log(1-\sigma(w\cdot C_{i_j}))\text{。} \tag{4-56}$$

对于CBOW累加抽样，依然采用的是随机梯度下降法（SGD），在训练时，当词w_{ij}的标签为1时，且采用抽样法抽取了n个标签为0的样本，那么训练总样本数为n+1，梯度更新需要n+1次。

每个样本需要求两个梯度

$$Fw(w)=\frac{\partial f_w}{\partial w}=-label\cdot(1-\sigma(w\cdot C_{i_j}))\cdot C_{i_j}+(1-label)\cdot\sigma(w\cdot C_{i_j})\cdot C_{i_j}=-(label-\sigma(w\cdot C_{i_j}))\cdot C_{i_j} \tag{4-57}$$

和

$$Fc(w)=\frac{\partial f_w}{\partial C_{i_j}}=-label\cdot(1-\sigma(w\cdot C_{i_j}))\cdot w+(1-label)\cdot\sigma(w\cdot C_{i_j})\cdot w=-(label-\sigma(w\cdot C_{i_j}))\cdot w\text{。} \tag{4-58}$$

在代码中，用一个$v\times m$的矩阵来保存抽样时抽到的负类样本所对应的词向量，每当抽样抽中一个词，矩阵中对应的那个词向量被拿去计算梯度，并迭代更新，更新的词向量w_{ij}每次仅有一个。所以总的看来，这个矩阵在迭代计算完了就没用了，但它可以认为是隐藏层跟输出层的连接矩阵。

$$\boldsymbol{R}_w^{n+1}=\boldsymbol{R}_w^{n}-\eta Fw(\boldsymbol{R}_w^{n})\text{。} \tag{4-59}$$

对于所有样本的词向量（上文提到的更新的w_{ij}及抽样到的词向量）都用w表示，$\boldsymbol{R}$代表的临时矩阵是每次更新的对象。下式是词向量的更新公式：

$$w_I^{n+1}=w_I^{n}-\eta\left(Fc(\boldsymbol{R}_{w_I}^{n})+\sum_{k=1}^{K}Fc(\boldsymbol{R}_{w_k}^{n})\right)\text{。} \tag{4-60}$$

用连接矩阵$\boldsymbol{R}$中抽样样本对应的行来进行梯度值的计算，就不用每次都对输出层的词向量进行更新了。

CBOW累加抽样方法代码的核心是代码中随机数为自身产生的，对所有词进行负采样，当遇到的词*label*=1时就直接推出，即步骤提前完成。其中，在代码中用syn1neg表示$\boldsymbol{R}$矩阵，用neu1表示误差累积C_{ij}，同理在代码中叶子节点中的每个词向量用*syn*0表示，读取时利用移动下标进行（图4-7）。

```
436       // NEGATIVE SAMPLING
437       if (negative > 0) for (d = 0; d < negative + 1; d++) {
438         if (d == 0) {
439           target = word;
440           label = 1;
441         } else {
442           next_random = next_random * (unsigned long long)25214903917 + 11;
443           target = table[(next_random >> 16) % table_size];
444           if (target == 0) target = next_random % (vocab_size - 1) + 1;
445           if (target == word) continue;
446           label = 0;
447         }
448         l2 = target * layer1_size;
449         f = 0;
450         for (c = 0; c < layer1_size; c++) f += neu1[c] * syn1neg[c + l2];
451         if (f > MAX_EXP) g = (label - 1) * alpha;
452         else if (f < -MAX_EXP) g = (label - 0) * alpha;
453         else g = (label - expTable[(int)((f + MAX_EXP) * (EXP_TABLE_SIZE / MAX_EXP / 2))]) * alpha;
454         for (c = 0; c < layer1_size; c++) neu1e[c] += g * syn1neg[c + l2];
455         for (c = 0; c < layer1_size; c++) syn1neg[c + l2] += g * neu1[c];
456       }
```

图4-7　负采样代码

其中，第442至第446行写的是进行采样的代码，变量*label*跟上文的*label*含义一样，即表示抽样样本类型，$\sigma(w \cdot C_{ij})$表示f的值，矩阵$\boldsymbol{R}$每一行的值用syn1neg保存，*neu1e*表示累积误差，输入层的词向量在一轮抽样结束后再进行更新，每次更新都是所有词一起更新。

Skip-gram加层次的优化目标与解的问题方面，第一点，网络结构与使用说明，网络结构如图4-8所示。

图4-8中的W_i表示对应的词同时与二叉树不经过隐藏层而直接连接。在对一句话进行判断的时候，例如“大家/喜欢/吃/好吃/的/苹果”这句话，对“吃”这个词进行计算时，当随机抽到的c=2时，需要计算的概率有P(大家|吃)，P(喜欢|吃)，P(好吃|吃)和P(的|吃)。在计算P(大家|吃)的时候，就会用到图4-8中的二叉树，如果“大家”这个词位于图中右数第三个叶子节点即T时；如果“吃”这个词位于节点S，而且A、B、C分别为从根节点到叶子节点之间的路径上的3个非叶子节点，并设D是“吃”的词向量，那么P(大家|吃)就可以用下面的公式计算：

$$P(\text{大家}\mid\text{吃}) = (1-\sigma(A\cdot D))\cdot\sigma(B\cdot D)\cdot\sigma(C\cdot D)\text{。} \tag{4-61}$$

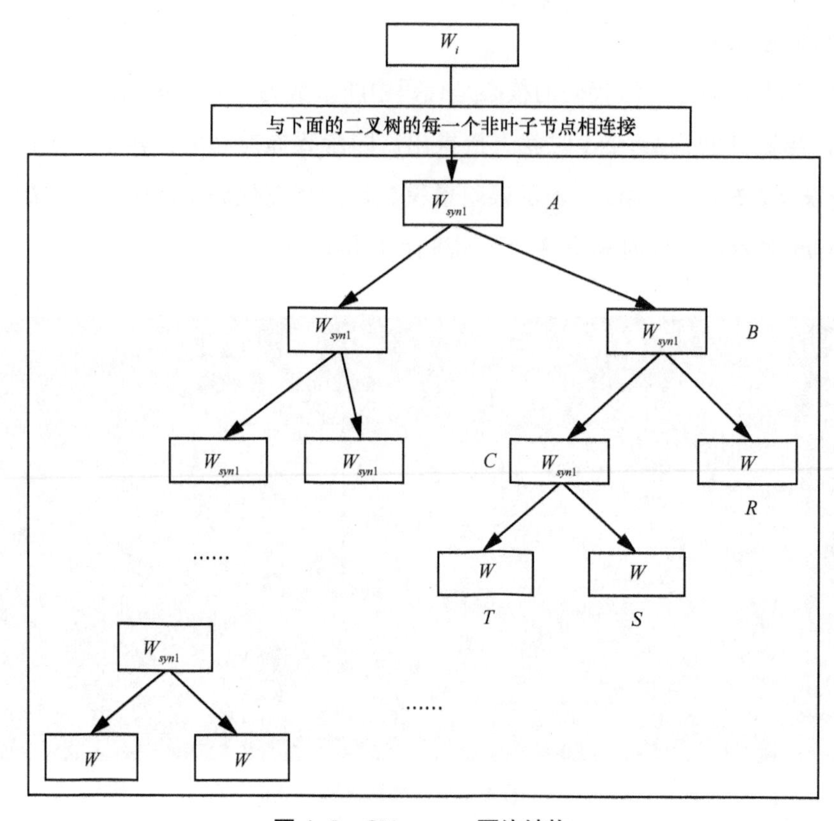

图 4-8　Skip-gram 网络结构

同理，可以得到P(喜欢|吃)、P(好吃|吃)及P(的|吃)，然后把这4个概率连乘求积，就得到了“吃”这个词的上下文概率。对这句话的每个词都计算$P(w_i|\text{Context}_i)$，然后连乘求积得到一个联合概率，当这个概率超过某个我们提前设定好的阈值时，就判断这是一句正常生活中的自然语言；反之就认为其不是，同时需要排除掉。

第二点，目标函数，当由S个句子组成的含有V个词的句子序列作为语料库时，其似然函数如下：

$$L(\theta)=\prod_{j}^{S}\left(\prod_{i_j=1}^{T_j}\left(\prod_{-c_{ij}<u_{ij}<c_{ij},j\neq 0}p(w_{u_{ij}+i_j}\mid w_{i_j})\right)\right)。\tag{4-62}$$

式中，第j个句子的词个数用T_j表示，$w_{u_{ij}+i_j}$表示各c_{ij}个词的其中一个，且c_{ij}对每个w_{i_j}均不同。但是，Google公司为了代码风格的统一，用了一个样式。举例说明如下，对于一开始的那句话：大家/喜欢/吃/好吃/的/苹果，总共6个词，假设每次的c_{ij}都抽到了2，将每个词作为条件运用上面的公式展开。

大家：$P($喜欢$|$大家$)\times P($吃$|$大家$)$；

喜欢：$P($大家$|$喜欢$)\times P($吃$|$喜欢$)\times P($好吃$|$喜欢$)$；

吃：$P($大家$|$吃$)\times P($喜欢$|$吃$)\times P($好吃$|$吃$)\times P($的$|$吃$)$；

好吃：$P($喜欢$|$好吃$)\times P($吃$|$好吃$)\times P($的$|$好吃$)\times P($苹果$|$好吃$)$；

的：$P($吃$|$的$)\times P($好吃$|$的$)\times P($苹果$|$的$)$；

苹果：$P($好吃$|$苹果$)\times P($的$|$苹果$)$。

把结果重新组合一下，得到下面的组合方式。

大家：$P($大家$|$喜欢$)\times P($大家$|$吃$)$；

喜欢：$P($喜欢$|$大家$)\times P($喜欢$|$吃$)\times P($喜欢$|$好吃$)$；

吃：$P($吃$|$大家$)\times P($吃$|$喜欢$)\times P($吃$|$好吃$)\times P($吃$|$的$)$；

好吃：$P($好吃$|$喜欢$)\times P($好吃$|$吃$)\times P($好吃$|$的$)\times P($好吃$|$苹果$)$；

的：$P($的$|$吃$)\times P($的$|$好吃$)\times P($的$|$苹果$)$；

苹果：$P($苹果$|$好吃$)\times P($苹果$|$的$)$。

不证明，不推导，直接得到下面的结论：

$$\prod_{i_j=1}^{T_j}\left(\prod_{-c_{ij}<u_{ij}<c_{ij},j\neq 0} P(w_{u_{ij}+i_j}\mid w_{i_j})\right)=\prod_{i_j=1}^{T_j}\left(\prod_{-c_{ij}<u_{ij}<c_{ij},j\neq 0} P(w_{i_j}\mid w_{u_{ij}+i_j})\right)。\quad(4-63)$$

总对数似然如下：

$$l(\theta)=\log L(\theta)=\frac{1}{V}\sum_{j=1}^{S}\left(\sum_{i_{j=1}}^{T_j}\left(\sum_{-c_{ij}<u_{ij}<c_{ij},j\neq 0}\log P(w_{i_j}\mid w_{u_{ij}+i_j})\right)\right)。\quad(4-64)$$

当训练语料库中重复词没有通过一系列方法处理去掉的时候，未处理时的词的个数由V表示，这个目标函数和交叉熵很相似，但其实为似然函数。

当涉及计算某个词的概率时，有些概率会发生变化，如$P(w_{i_j}\mid w_{u_{ij}+i_j})$，计算条件概率的词变成了输入中要考察的那个词，而条件变成上下文的词。当然，计算方法依然和前面介绍的霍夫曼树的计算方法一样。

$$P(w\mid I)=\prod_{k=1}^{K}P\left(d_k\mid q_k,I\right)=\prod_{k=1}^{K}\left(\left(\sigma(q_k,I)\right)^{1-d_k}\cdot(1-\sigma(q_k,I))^{d_k}\right)。\quad(4-65)$$

式中，I表示上下文的词，也就是“大家　喜欢　吃　好吃　的　苹果”例子中的那个“大家”；假设当前词是“吃”，那么其对应节点是S，q_k表示S到根节点之间的非叶子节点，当w位于q_k的左k_{id}树的叶子节点之上的时候，d_k的值为0，反之d_k=1。

上面式子中的似然函数中的 $P(w_{i_j}\,|\,w_{u_{ij}+i_j})$ 用这个式子代替，然后每个变量依次对应，总的似然函数就能得到了。

再对式子求对数，得到：

$$\log P\left(w|I\right)=\sum_{k=1}^{K}\left((1-d_k)\log\sigma(q_k\cdot I)+d_k\cdot(1-\sigma(q_k\cdot I))\right)。\tag{4-66}$$

计算方法和上文相同。

第三点，采用了SGD即随机梯度下降法，每个样本在处理时，对总目标函数的贡献是：

$$\begin{cases}\mathrm{lf}=P\left(d_k\,|\,q_k,I\right)=-(1-d_k)\log\sigma(q_k\cdot I)-d_k\cdot(1-\sigma(q_k\cdot I))\\ Fq(q_k)=\dfrac{\partial lf}{\partial q_k}=-(1-d_k)\cdot(1-\sigma(q_k\cdot I))\cdot I-d_k\cdot(-\sigma(q_k\cdot I))\cdot I=-(1-d_k-\sigma(q_k\cdot I))\cdot I\\ F_i(q_k)=\dfrac{\partial lf}{\partial I}=-(1-d_k)\cdot(1-\sigma(q_k\cdot I))\cdot q_k-d_k\cdot(-\sigma(q_k\cdot I))\cdot q_k=-(1-d_k-\sigma(q_k\cdot I))\cdot q_k\end{cases},\tag{4-67}$$

更新为：

$$\begin{cases}q_k^{n+1}=q_k^n-\eta Fq(q_k^n)\\ I^{n+1}=I^n-\eta Fi(q_k^n)\end{cases}。\tag{4-68}$$

第四点，在运行完霍夫曼树全部路径之后，对输入词I和整体误差进行更新计算，然后保存在数组neu1e中（图4-9）。

```
475        // HIERARCHICAL SOFTMAX
476        if (hs) for (d = 0; d < vocab[word].codelen; d++) {
477          f = 0;
478          l2 = vocab[word].point[d] * layer1_size;
479          // Propagate hidden -> output
480          for (c = 0; c < layer1_size; c++) f += syn0[c + l1] * syn1[c + l2];
481          if (f <= -MAX_EXP) continue;
482          else if (f >= MAX_EXP) continue;
483          else f = expTable[(int)((f + MAX_EXP) * (EXP_TABLE_SIZE / MAX_EXP / 2))];
484          // 'g' is the gradient multiplied by the learning rate
485          g = (1 - vocab[word].code[d] - f) * alpha;
486          // Propagate errors output -> hidden
487          for (c = 0; c < layer1_size; c++) neu1e[c] += g * syn1[c + l2];
488          // Learn weights hidden -> output
489          for (c = 0; c < layer1_size; c++) syn1[c + l2] += g * syn0[c + l1];
490        }
```

图4-9 Hierarchical Softmax 代码

图4-9中，$\sigma(q_k\cdot I)$ 的值通过第480至第483行的代码进行计算，并在f中进行保存。$code[d]$即为d_k的值，当前词用word = sen[sentence_position]表示，霍夫曼树

路径上的所有误差都在neu1e中保存，每次仅反向更新$P(W|I)$中的词I。

Skip-gram加抽样的优化目标与解问题部分，这里简单介绍，具体的参考上面的实现细节。网络结构如图4-10所示。

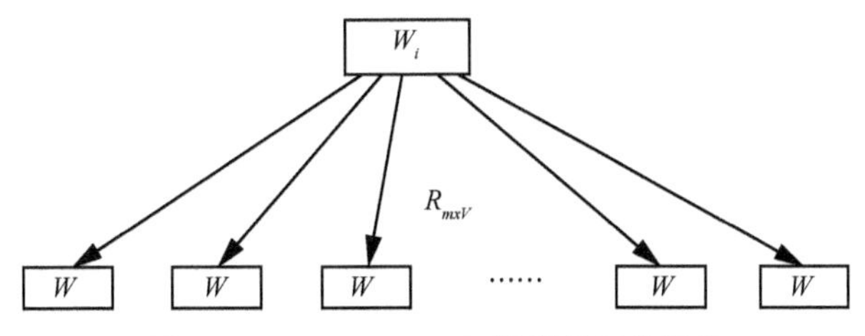

图4-10　Skip-gram加抽样的网络结构

由图4-10可见，临时矩阵$\boldsymbol{R}$的作用是在训练时将隐藏层与输出节点进行全连接，词向量就储存在输出节点中。举个例子："我喜欢吃苹果。"，要计算$P(吃|\text{Context}_{吃})$，首先从语料库中随机抽取c=3个词，这时抽的词是D、E、F这3个词，我们假设"吃"的词向量为A，那么"吃"这个词的概率就可以用下面的公式来计算：

$$P(吃|\text{Context}_{吃})=\sigma(A\cdot C)\cdot(1-\sigma(D\cdot C))\cdot(1-\sigma(E\cdot C))\cdot(1-\sigma(F\cdot C))\text{。}\tag{4-69}$$

同理，对这句话的每个词都计算其条件概率$P(w_i|\text{Context}_i)$，然后对所有条件概率连乘求积，最后求得的概率就是这句话是否为自然语言的概率。

最终的目标函数也为一个似然函数，其形式和CBOW中的相同，但在具体计算部分即计算$\log P(W|I)$时就有一定的差别了，在论文"Distributed Representations of Words and Phrases and their Compositionality"中没有使用上文所采用的方法，而是用下式替代了$\log P(W|I)$：

$$\log\sigma(w\cdot I)+\sum_{k=1}^{K}E_{w\sim p_V(w)}\left[\log(1-\sigma(w_k\cdot C_{i_j}))\right]\text{。}\tag{4-70}$$

同样采用负采样的方法，其中，相同的是正类样本label为1，负类样本label为0，样本负对数似然函数如下：

$$\begin{cases}f_w=-label\cdot\log\sigma(w\cdot I)-(1-label)\log(1-\sigma(w\cdot I))\\Fw(w)=\dfrac{\partial f_w}{\partial w}=-label\cdot(1-\sigma(w\cdot I))\cdot C_{i_j}+(1-label)\cdot\sigma(w\cdot I)\cdot I=-(label-\sigma(w\cdot I))\cdot I,\\Fc(w)=\dfrac{\partial f_w}{\partial I}=-label\cdot(1-\sigma(w\cdot I))\cdot w+(1-label)\cdot\sigma(w\cdot I)\cdot w=-(label-\sigma(w\cdot I))\cdot w\end{cases}\tag{4-71}$$

更新为：

$$\begin{cases} R_w^{n+1} = R_w^n - \eta Fw(R_w^n) \\ I^{n+1} = I^n - \eta\left(Fc(R_{I^n}^n) + \sum_{k=1}^{K} Fc(R_{w_k}^n) \right) \end{cases} \text{。} \tag{4-72}$$

对于每个词来说，都执行次数为negative的抽样，当遇到*label*为 1 的词时即提前退出抽样。

负采样代码中，变量*label*跟上文的*label*含义一样，即表示抽样样本类型，σ(*w* · *C*_(*i*_*j*))表示*f*的值，矩阵***R***所有行的值都用syn1neg保存，*neu1e*表示累积误差，输入层的词向量在一轮抽样结束后再进行更新，每次更新都是所有词一起更新。

4.2 语义挖掘分布式并行计算的实现及验证系统的开发

4.2.1 语义挖掘分布式并行计算的实现

在语义挖掘分布式实现之前，针对原始语料做数据预处理相关工作，其处理的脚本文件如下。

“

```
#coding=utf-8
#from gensim import corpora, models, similarities
#import logging
from gensim import corpora, models, similarities
import logging
from time import clock
import sys
from nltk.tokenize import RegexpTokenizer
from stop_words import get_stop_words
from nltk.stem.porter import PorterStemmer
# load tokenizer data
tokenizer = RegexpTokenizer(r'\w+')
```

```
# create English stop words list
en_stop = get_stop_words('en')
# Create p_stemmer of class PorterStemmer
p_stemmer = PorterStemmer()
logging.basicConfig(format='%(asctime)s : %(levelname)s : %(message)s',
level=logging.INFO)

class Data_trainner():
 def __init__(self):
    print 'class initing ...'
    self.dictionary_path = 'step_result/data_trainner.dict'
    self.corpus_path = 'step_result/data_trainner.mm'
    self.lsi_path = 'step_result/data_trainner.lsi'
    self.index_path = 'step_result/data_trainner.index'
    self.dictionary = None
    self.corpus = None
    self.index = None
    self.lsi = None
    self.topics = 500
    self.similarities_num = 10
 ##
 def load_data_from_text(self,filename):
    reload(sys)
    sys.setdefaultencoding('utf-8')
    filein = open(filename, "r")
    texts = []
    index = 1
    iBuffer = 0
    for line in filein.readlines():
       index=index+1
```

```
            ifiBuffer == 1000:
                print "paper index tips:",index
                iBuffer = 0
            else:
                iBuffer = iBuffer+1

            if "".join(line.split()):
                raw = line.lower()
                tokens = tokenizer.tokenize(raw)
                stopped_tokens = [item for item in tokens if not item in en_stop]
                stemmed_tokens = [p_stemmer.stem(item)for item in stopped_tokens]
                # add tokens to list
                texts.append(stemmed_tokens)
        return texts

    ##
    def dictionary_file_generator(self,texts):
        start = clock()
        dictionary = corpora.Dictionary(texts)
        dictionary.save(self.dictionary_path)
        end = clock()
        print '>>>>>>>>>>>>>>generate dictionary file cost:%s'%(end-start,)
    def load_dictionary(self):
        if not self.dictionary:
            self.dictionary = corpora.Dictionary.load(self.dictionary_path)
        return self.dictionary
    ##
    def corpus_file_generator(self,texts):
        start = clock()
        dictionary = self.load_dictionary()
```

```
    corpus = [dictionary.doc2bow(text)for text in texts]
    corpora.MmCorpus.serialize(self.corpus_path, corpus)
    end = clock()
    print '>>>>>>>>>>>>>>generate corpus file cost: %s'%(end-start,)
##
def load_corpus(self):
    if not self.corpus:
        self.corpus = corpora.MmCorpus(self.corpus_path)
    return self.corpus

##
def lsi_file_generator(self):
    start = clock()
    corpus = self.load_corpus()
    dictionary = self.load_dictionary()
    print ">>>>>>>>>>>>>>>>>generate tfidf"
    tfidf = models.TfidfModel(corpus)
    corpus_tfidf = tfidf [corpus]
    print ">>>>>>>>>>>>>>>>>generate LSI"
    lsi = models.LsiModel(corpus_tfidf, id2word=dictionary, num_topics=self.topics)
    print ">>>>>>>>>>>>>>>>>save lsi"
    lsi.save(self.lsi_path)
    end = clock()
    print '>>>>>>>>>>>>>>generate lsi file cost:%s'%(end-start,)
##
def load_lsi(self):
    if not self.lsi:
        self.lsi = models.LsiModel.load(self.lsi_path)
    return self.lsi
##
```

```
def index_file_generator(self):
    lsi = self.load_lsi()
    corpus = self.load_corpus()
    index = similarities.MatrixSimilarity(lsi[corpus])
    index.save(self.index_path)
##
def load_index(self):
    if not self.index:
        self.index = similarities.MatrixSimilarity.load(self.index_path)
    return self.index
##
def similarities_query(self,doc):
    dictionary = self.load_dictionary()
    lsi = self.load_lsi()
    vec_bow = dictionary.doc2bow(doc.lower().split())
    vec_lsi = lsi[vec_bow]
    index = self.load_index()
    sims = index[vec_lsi]
    sort_sims = sorted(enumerate(sims),key=lambda item: -item[1])
    #print vec_bow
    #print u''+dictionary[vec_bow[0][0]].decode('utf-8')
    return sort_sims[:self.similarities_num]
##
def similarities_query_shard(self,doc):
    dictionary = self.load_dictionary()
    lsi = self.load_lsi()
    vec_bow = dictionary.doc2bow(doc.lower().split())
    vec_lsi = lsi[vec_bow]
    index = similarities.Similarity('step_result/shard',corpus,3052)
    sims = index[vec_lsi]
```

```
        return sims[:self.similarities_num]
    ##function test
    if __name__ == '__main__':
     data_trainner = Data_trainner()
     #texts = data_trainner.load_data_from_text("hottop.tblRedianMain.txt")
     #data_trainner.dictionary_file_generator(texts)
     #data_trainner.corpus_file_generator(texts)
     data_trainner.lsi_file_generator()
     #data_trainner.index_file_generator()
    ”
```

研究实现的分布式并行计算细节可描述为，在gensim的上下文中，计算节点通过IP/PORT进行区分，通信方式为TCP/IP。整个机器的集合称为一个集群。这种分布式十分粗粒度，因此网络允许高延迟。使用分布式并行计算的主要原因是，可以运行地更快。分布式并行计算通过将一个任务进行切分使之变成几个独立的更小的子任务，然后分别在几台平行计算机中并行完成，从而实现了加速计算。其中，利用IP地址/端口完成识别的计算机被称作计算节点，节点之间利用TCP/IP协议达到通信的目的。参与并行任务的平行计算机整体被称为集群（Cluster）。分布式并行计算过程并不涉及过多的实时通信，确保在一定的网络延迟环境中不影响计算时效性。

研究所用到的gensim package中，大多数时间并非消耗在gensim代码而是在NumPy中的线性代数低级路由中。为NumPy安装一个快速的BLAS库可以提升15倍性能。因此，有必要安装一个快速、线程化，并在特定机型上进行过优化的BLAS库（而不是一个通用的二进制库）。可供选择的有：一些提供商的BLAS库（Intel的MKL、AMD的ACML、OSX的vecLib、Sun的Sunperf……）和一些开源选择（GotoBLAS、ALTAS）。

gensim使用Pyro（Python Remote Objects）在节点间进行通信。这个库通过底层Socket及RPC来通信。Pyro是一个纯python实现的库，因此安装较为简单，只需要将所有*.py文件拷到python的import path中即可。Pyro是Gensim分布式并行计算所必不可少的。研究所实现的并行计算首先要在计算开始前让Gensim知道哪些节点是可以使用的，方法是在所有Cluster的节点上运行工作节点脚本，在初始化的时候内部算法会自动探寻并使用全部可用工作节点。研究中的并行计算用到的关键概念，包括节点、集群、工作节点和调度。对于一个逻辑工作单元来说并没有专门的限制和定义，在一台计算机上运行多个工作节点脚本后得到的多个可以利用TCP/IP完成通信交流的逻辑节点或者说一台可用计算机甚至一个线程都可以作为节点。目前，因为通信节点是通过网络广播来进行连接和发现的，所以节点要可用且可通信就必须位于同一个广播域。进程是在节点上创建的，所以如果某个节点需要从集群中移除，只需要结束它的工作节点进程即可。所有的计算任务、队列及分发（分派）给各个工作节点的工作都是由调度器来负责和协调的。而且计算指令仅通过调度器，不与工作节点直接通信。与工作节点可以同时有多个不同，在一个集群中同时有且仅能有一个活动的调度器。

分布式LSA，首先需要建立一个集群，通过示例展示如何运行分布式LSA。有5台机器，它们都在同一个网段（通过网络广播可达）。首先在每台机器上安装Gensim和Pyro：“$sudo easy_install gensim[distributed]”、“$sudo easy_install gensim[distributed]”和“$ export PYRO_SERIALIZER=pickle”。接着在其中1台机器上，运行Pyro的名字服务器：“$ python -m Pyro4.naming -n 0.0.0.0 &”的示例集群包含高内存的多核机器。在另4台机器上分别运行两个worker脚本，创建8个逻辑worker节点：“$ python -m genism.models。lsi_worker &”。执行Gensim的lsi_worker.py脚本（在每台机器上运行2次）。让Gensim知道它可以在其中的1台机器上并行运行两个任务，以使计算加速，当然每个机器也会占用更多内存。选择一台机器充当任务调度节点，负责各个worker的同步，在它之上运行LSA dispatcher。在示例中，使用第5台机器来充当分配器：“$ python -m genism models。lsi_dispatcher &”。总之，dispatcher和其他任一节点都相似。dispatcher不会耗费更多的CPU时间，但是会选择一台内存充足的机器。当集群建立和运行时，准备开始接受作业。为了移除节点，可以终止它的lsi_worker进程。为了添加另一个worker，可以运行另一个lsi_worker，它不会影响正在运行的计算，添加和删除都不是动态的。但如果终止了lsi_dispatcher，计算将不会运行，直到再次运行它，因为worker进程可以被重用。多机部署环境下，该版本的代码只支持broadcast域的分布式节点，如果局域网不支持，可以通过修改Gensim的代码来实现。如果Pyro名字服务器运行在：“python -m Pyro4.naming -n 10.177.128.143”，则可以在site-packages下找到Gensim，将gensim/utils.py中代码的getNS()函数“return Pyro4.locateNS()”的两个地方，全修改为：“return Pyro4.locateNS("10.177.128.143"，9090)”，同时，将get_ my_ip()函数下的“ns = Pyro4.naming.locateNS()”，也替换成“ns = Pyro4.naming.locateNS("10.177.128.143"，9090)”即可。同样，修改lsi_dispatcher.py，Gensim使用Pyro的PYRONAME方式进行对象查询，因此，需要将initialize()函数中的：

self.callback= Pyro4.Proxy('PYRONAME:genism.lsi_dispatcher')

修改为:

“self.callback=Pyro4.Proxy('PYRONAME:genism.lsi_dispatcher@10.177.128.143')”。

修改lsimodel.py，对__init__()函数进行修改：

dispatcher = Pyro4.Proxy('PYRONAME：genism.lda_dispatcher')”

修改为：

dispatcher=Pyro4.Proxy('PYRONAME:genism.lda_dispatcher@10.177.128.143')。

可以在不同的机器上进行部署。通过运行命令，可以查看该Pyro名字服务器的连接IP和端口，“pyro4-nsc list Pyro”。通过运行下面的命令，可以查看该名字服务器有哪些服务连接上“pyro4-nsc list”。然后就可以测试部署的分布式集群了。其中，分布式LDA与分布式LSA大部分相同，建立一个LDA的集群完全类似，不同的是，你需要运行lda_worker 和 lda_dispatcher脚本。运行LDA，设置参数distributed=True。

经过上述的分布式环境搭建，我们大规模训练文档语料库的效率和能力得到很大的提高，以gensim训练LSI为例，训练过程如图4-11和图4-12所示。

```
23:06:40,356 : INFO : preparing a new chunk of documents
23:06:41,491 : INFO : using 100 extra samples and 2 power iterations
23:06:41,491 : INFO : 1st phase: constructing (100000, 500) action matrix
23:06:44,556 : INFO : orthonormalizing (100000, 500) action matrix
23:07:13,471 : INFO : 2nd phase: running dense svd on (500, 20000) matrix
23:07:15,525 : INFO : computing the final decomposition
23:07:15,526 : INFO : keeping 400 factors (discarding 3.237% of energy spectrum)
23:07:16,284 : INFO : merging projections: (100000, 400) + (100000, 400)
23:07:21,523 : INFO : keeping 400 factors (discarding 10.381% of energy spectrum)
23:07:23,705 : INFO : processed documents up to #60000
```

图4-11　串行LSI训练过程

```
02:46:35,087 : INFO : using distributed version with 8 workers
02:46:35,087 : INFO : updating SVD with new documents
02:46:35,202 : INFO : dispatched documents up to #10000
02:46:35,296 : INFO : dispatched documents up to #20000
```

图4-12　并行LSI训练过程

从图4-11可见，串行模式下，使用one-pass算法在农业文档语料上创建LSI模型需要57小时30分钟，而8 workers分布式模式创建LSI模型需要7小时41分钟。最终农业文档语料LSI、LDA和word2vec语料训练结果如图4-13所示。

```
drwxr-xr-x 2 root root       4096 8月  2 11:28 .
drwxr-xr-x 5 root root       4096 8月 10 15:58 ..
-rw-r--r-- 1 root root   63304385 6月 26 17:01 data_trainner.dict
-rw-r--r-- 1 root root   83213933 8月  1 05:00 data_trainner_lda.model
-rw-r--r-- 1 root root 1602599280 8月  1 05:00 data_trainner_lda.model.expElogbeta.npy
-rw-r--r-- 1 root root       1082 8月  1 05:00 data_trainner_lda.model.state
-rw-r--r-- 1 root root 1602599280 8月  1 05:00 data_trainner_lda.model.state.sstats.npy
-rw-r--r-- 1 root root   83209207 6月 30 20:25 data_trainner.lsi
-rw-r--r-- 1 root root       4303 6月 30 20:25 data_trainner.lsi.projection
-rw-r--r-- 1 root root 8012996080 6月 30 20:25 data_trainner.lsi.projection.u.npy
-rw-r--r-- 1 root root 1077392053 6月 26 17:06 data_trainner.mm
-rw-r--r-- 1 root root    4257876 6月 26 17:06 data_trainner.mm.index
```

图4-13　LSI、LDA和word2vec语料训练结果目录

将结果存入Apache Jena的数据库中，为了响应后面系统的查询，这里存入Apache的Jena里面，Jena是一个Java工具箱，用于开发基于RDF与OWL语义（semantic）Web应用程序。研究语料库生成的RDF关联数据如图4-14所示。

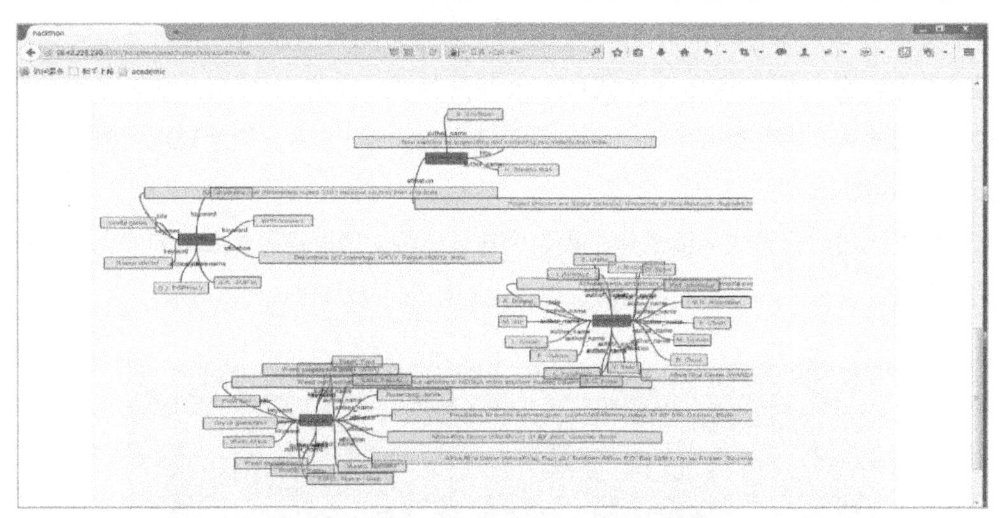

图4-14　农业科技文献RDF关联数据展示

Jena提供了以下内容：一个RDF API，我们使用Python调用其API，为后面的系统服务；ARP，一个RDF解析器；SPARQL，W3C RDF查询语言；一个OWL API；基于规则的RDFS与OWL接口。Apache Jena SDB是一个用于使用SQL数据库存储和查询RDF数据的模块。Jena框架具体包括以下几个部分：以XML、N-triples和Tutte形式读/写、处理RDF数据的API；处理OWL、RDFS Ontologies的Ontology API；用于推理RDF和OWL数据源的基于规则的推理引擎；在硬盘上高

效存储大数据量的RDF Triples的存储；兼容最新的SPARQL语言的查询引擎；提供遵守包括SPARQL协议等一系列的协议，发布RDF数据到其他应用的服务器。确定好数据服务之后，我们将文档语义训练结果集存入Jena数据库，其效果如图4-15所示。

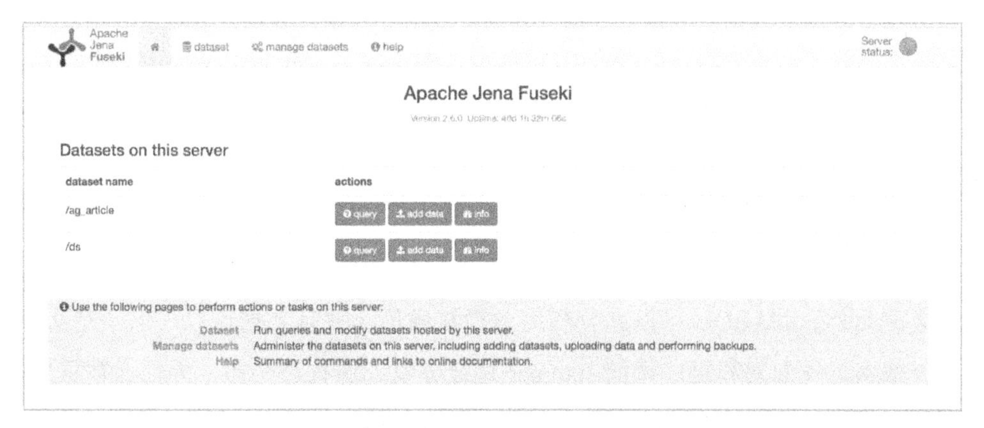

图4-15　模型训练结果上传 Jena 数据库服务器

其中，语义转换抽取后的主题就是RDF（Resource Description Framework）资源形式，可以在把数据打散的同时分布展开。易于合并是RDF 模型的特点，对于序列化的 RDF 只需要通过 HTTP 就可以进行交换。同时，多个 RDF 数据源也可以通过网络与应用程序进行非紧凑的耦合。例如，在 PlanetRDF.com 上，把多个作者的 weblog 集中起来，作者们在 RSS 1.0 feed 中用 RDF 提供内容。作者 feed 的 URL 就放在 RDF 图中，命名为 bloggers.rdf。但是怎样才能在 RDF 图中发现并操纵需要的数据呢？通过SPARQL语言可以实现这一目标，SPARQL协议与 RDF 查询语言（SPARQL，SPARQL Protocol and RDF Query Language）的构建基于之前一些RDF查询语言，同时具有旧查询语言所不具备的新特性，如rdfDB、SeRQL等。它的标准化是由全球资讯网协会的RDF资料存取工作小组（DAWG）所进行，这被认为是语义网科技的一个关键。2008 年 1 月 15 日，SPARQL正式成为一项W3C推荐标准。一个SPARQL查询由一些“三体组合”、“与”逻辑、“或”逻辑，及“选项组合”组成，SPARQL现已在多个程式语言上实现了。在开发 Web 应用程序时，为逻辑层和 UI 层创建放置服务器端代码的数据库结构是一种标准实践。要连接到数据库，服务器端代码需要执行一些基本的创建、更新、删除和读取记录（最重要的）等操作。由于 Web 应用程序的后台数据库通常都是关系数据库，因此这些 CRUD

操作都是使用广为人知的SQL语言执行的。

但是，随着面向对象的编程（OOP）在Web开发过程中越来越多地被采用，模型也随之发生改变。资源描述框架（Resource Description Framework，RDF）是描述对象同时保留数据含义的理想方法，其所对应的查询语言是SPARQL。RDF和SPARQL都是所谓语义网堆栈（Semantic Web Stack）中的技术，如果把传统的Web开发技术通过使用SPARQL应用于RDF数据之中，就可以使语义Web的理念得到充分的利用。SQL与SPARQL有许多相似性。不同之处在于RDF具有基于Web的、图形化的和面向对象的特性及将这些特性过滤到SPARQL语言中的能力。作为一项简化的通用规则，可以将RDF和SPARQL中的三元组结构作为基本表示，依次为行（主题）的唯一主键、属性/列名（谓词或关系）及基于行和列（对象）的单元格数据。此外，SPARQL可以充分利用HTTP通信，并且数据可以（但不是必须）基于内部网、外部网和更广阔的Internet进行分发。您也许会问，为什么数据库检索没有选择传统的SQL？当然，从SQL迁移到SPARQL有许多原因。详细原因超出了讨论范围，但是您可以受到下面的启发：

① 需要一种分布更广泛的数据解决方案。

② 需要在Web上公开数据以供人们使用和链接。

③ 您会发现Node-Arc-Node关系（三元组）比关系数据库模型更易于理解。

④ 可能需要以纯面向对象的角度理解数据并结合使用OOP范例（PHP V5及更高版本支持OOP）。

⑤ 需要构建可以在Web中连接到数据源的一般代理。

当然，不希望从SQL迁移到SPARQL也有许多理由，并且这些理由可能非常充分。SPARQL是另一种查询方法，不一定要立即替换SQL。这同样适用于关系数据和基于语义Web的数据。并不是说要替换，相反，最好使新旧技术结合，从而生成一种混合系统，它可以处理旧的遗留系统、现行系统和未来系统，同时也可以被这些系统处理。研究基于Apache Jena和Web数据源操控的前端实现，将模型训练的结果集数据源导入Jena，为后续的前、后端调用SPARQL查询提供服务。

4.2.2 验证系统前端实现

在数据源和数据库服务器已经搭好的前提下，接下来需要完成的就是前端的搭建。综合考虑前端Web的开发，决定采用Python+PHP作为开发框架。所用到的开源支持库包括Gensim、Django（Flask）、PHP、Python-word2vec、Flask-Bootstrap、Numpy、SciPy、Matplotlib及相应的前端JavaScript绘图插件等。Web开发在后面会详细介绍，这里先简要介绍一下可以供外界访问的Internet上的两类主要Web资源。① 静态Web资源：所谓静态，顾名思义即在供人们浏览的Web页面中数据是不变的，如HTML页面，研究主要采用的框架是HTML5+Bootstrap；② 动态Web资源：即Web页面中供人们浏览的是由程序产生的动态数据，在不同时间点访问Web页面所看到的内容各不相同，在研究中也就是这种动态Web资源，主要是通过Python的Django+PHP框架来实现。微软将Web开发定义为："是一个指代网页或网站编写过程的广义术语。"网页或者网站的编写既涉及一些简单的文本图形等静态数据，也涉及具有交互功能的动态数据。现今的网页或网站为了实现更加丰富的内容效果经常选用交互式的服务页面，相较于静态页面来说其编写显然更加复杂。例如在淘宝购物的页面，用户体会到的不仅是一个购物网站，更是一个具有交互功能的"卖场"，甚至其还成为一种社交工具。"做网站"是Web开发的通俗说法，具体来说它主要分为前台与后台两大部分，即网页部分和逻辑部分。其中，前台可以说是网页或网站与用户交互的窗口，提供用户需要的数据信息。一般来说，具体实现时显示数据可以用HTML，用CSS控制样式，复杂交互则由JS编写。后台是网页或网站的主要运作部分，其作用就是编写处理实现前台功能的逻辑程序，通常会用到C#、Java、PHP和Python等语言。现在小到博客、空间，大到大型社交网站如Facebook、人人等，更复杂的如电子商务中的C2C、B2B等网站，Web应用程序已经和人们紧密相连，并带来了极大的便利。

有别于传统的CS开发，Web开发具有其自身的特点。C/S（Client/Server）结构把任务合理地分配到客户端和服务端，从而把系统的通信开销大大降低，它充分利用了两端硬件环境自有的优势，是人们非常熟悉的软件系统体系结构。Internet技术飞速发展之后，传统的C/S已经力不从心，通过改进最终诞生了B/S（Browser/Server）结构，即浏览器/服务器结构。在这种新的结构中，用户界面完全由WWW浏览器实现，而主要的事务逻辑则在服务器端实现，还有一部分事务逻辑在前端实现，从而形成3-tier结构（三层架构）。随着浏览器技术的成熟和发展，之前需要通过一系列复杂专用软件才可以实现的强大功能在B/S结构下的实现变得更加简单而且实惠，使得这种结构当之无愧地成为目前应用软件进行体系结构选择时的首选项，是一种全新的软件系统构造技术。

在Web开发的传统模式中，通常要重复性地编写一些代码，这不但使得代码混乱，而且导致了代码编写的低效率，无疑让开发者无法完全施展自己应有的创造力和激情。这就驱使开发者们选择一个操作起来简单明了并且使用起来功能丰富且完善的开发框架来应对代码编写任务中的这些问题，从而提升开发效率。目前，已有的开发框架琳琅满目，挑选一款适合自己的Web框架成为开发者的首要工作。Struts、Spring及其他Web框架在编码管理和利用方面令人赏心悦目、一切都井井有条。对于令人瞩目的动态编程语言领域来说，Python、Ruby、Groovy等编程语言也在Web开发中崭露头角并发展壮大。

研究使用的PHP主要实现了Web开发的MVC功能，PHP是一种适用于Web开发的动态语言。其实现的MVC模式功能结构如图4-16所示。

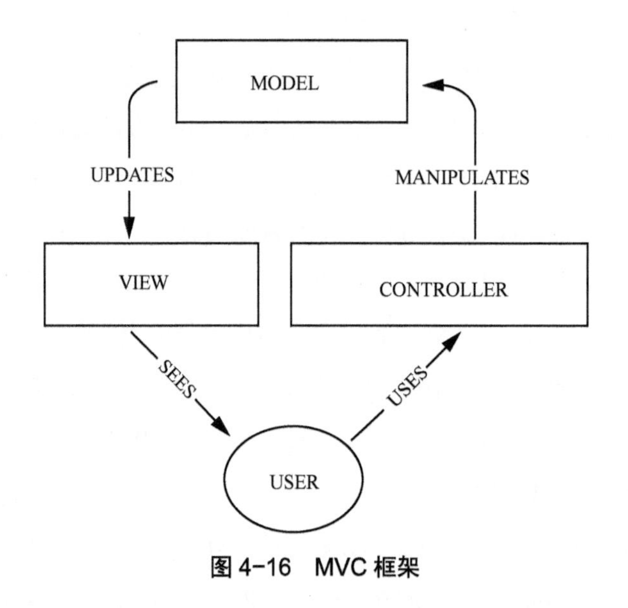

图4-16　MVC框架

概括地说，MVC是通过C语言编写并实现的具有完善组件的一个软件框架。从狭义的角度看，也可以把它当作一个功能强大的UI框架。PHP是多进程模型，各个请求之间是相互独立的，这意味着个别请求终止时整体服务并不会受到影响。和C/C++、Java、C#等语言不同，PHP是一门弱类型语言。在PHP语言中，变量的类型可能会发生显式与隐式的转换，而具体类型只有在运行中才会被确定，正是这种灵活的机制使其在Web开发中显得高效而便捷。利用PHP实现的MVC（Model-View-Controller）模式是软件工程中的一种软件架构模式。具体来说，MVC将整个软件系统划分成了3个基本部分：模型（Model）、视图（View）及控制器（Controller）。

其中，模型管理所有的数据库逻辑及大部分的业务逻辑，提供了连接和操作数据库的抽象层。视图负责渲染数据并通过HTML方式呈现给用户。控制器负责响应用户请求、准备数据，以及决定如何展示数据。MVC实现个性化地发展并用于多种动态交互用户界面中。简而言之，MVC 是一种软件开发的方法，它独立地将代码的定义、数据访问的方法（模型）及请求逻辑（控制器）和用户接口（视图）进行设计。各种组件的松散结合成为这种设计模式的关键优势。让程序设计变得动态可控是它的目的，以便延续对程序的修改和扩展简化，而且使得程序每部分都具有多次利用的能力。同时，为了让程序结构看起来更加直截了当，MVC降低了复杂度。如果把PHP比作一辆车，那么PHP本身就是车的框架，车的引擎（发动机）是Zend，车的轮子就是Ext中的各种组件，而执行一次PHP程序就是汽车在公路上的一次行驶，把SAPI当作公路，类比之下也就是汽车可以在各种道路上行驶。因此，想要每次都飞驰不息就需要：可靠而马力十足的引擎+耐用并且可以应对各种路况的轮胎+一条目标正确的道路。一个典型的Web MVC流程为：Controller截获用户发出的请求；Controller调用Model完成状态的读写操作；Controller把数据传递给View，View渲染最终结果并呈献给用户。最终形成的目录结构如图 4-17 所示。

名称	修改日期	类型	大小
cache	2017/10/30 12:22	文件夹	
config	2017/10/30 12:22	文件夹	
controllers	2017/10/30 12:22	文件夹	
core	2017/10/30 12:22	文件夹	
helpers	2017/10/30 12:22	文件夹	
hooks	2017/10/30 12:22	文件夹	
language	2017/10/30 12:22	文件夹	
libraries	2017/10/30 12:22	文件夹	
logs	2017/10/30 12:22	文件夹	
models	2017/10/30 12:22	文件夹	
third_party	2017/10/30 12:22	文件夹	
views	2017/10/30 12:22	文件夹	
.DS_Store	2017/9/28 15:13	DS_STORE 文件	16 KB
.htaccess	2017/9/28 15:13	HTACCESS 文件	1 KB
index	2017/9/28 15:13	Chrome HTML D...	1 KB

图 4-17 系统完整的目录结构

其中，PHP的MVC目录结构如图 4-18 所示。

名称	修改日期	类型	大小
application	2017/10/30 12:22	文件夹	
static	2017/10/30 12:22	文件夹	
system	2017/10/30 12:22	文件夹	
uploads	2017/10/30 12:22	文件夹	
.DS_Store	2017/9/18 15:28	DS_STORE 文件	16 KB
.gitignore	2017/9/18 15:28	GITIGNORE 文件	1 KB
.htaccess	2017/9/18 15:28	HTACCESS 文件	1 KB
composer.json	2017/9/18 15:28	JSON 文件	1 KB
contributing.md	2017/9/18 15:28	MD 文件	7 KB
index.php	2017/9/18 15:28	PHP 文件	11 KB
license	2017/9/18 15:28	TXT 文件	2 KB
readme.rst	2017/9/18 15:28	RST 文件	3 KB

图 4-18　PHP 的 MVC 目录结构

PHP的完整执行过程为：首先将PHP代码转换为语言片段，然后将片段转换成简单而有意义的表达式，将表达式翻译成一系列的指令（Opcodes），然后ZEND虚拟机按顺序执行这些指令并完成操作。其中，翻译出源程序的一系列指令是PHP代码执行的核心任务。在PHP程序执行过程中，Opcode是最基本的单位，一个Opcode由两个参数（op1，op2）、返回值和处理函数组成。PHP的核心架构如图 4-19 所示。

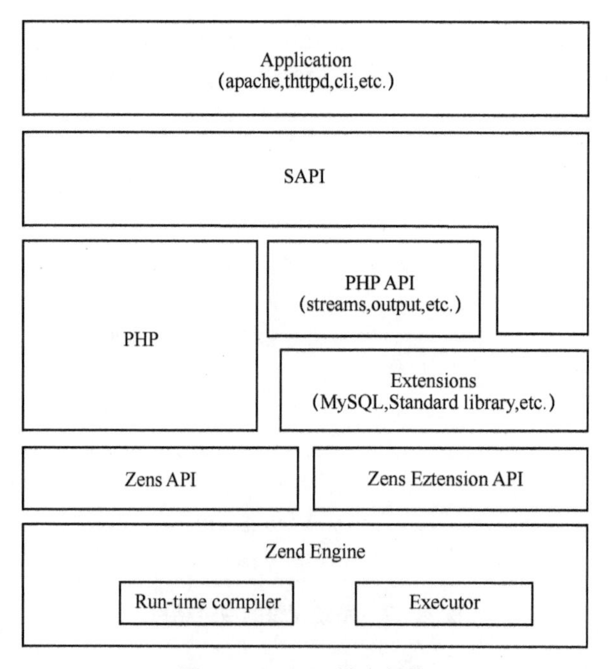

图 4-19　PHP 核心架构

由图 4-19 可知，从下至上PHP由 4 层体系构成。

Zend引擎，它是PHP的内核部分，其整体用纯C实现，是它将PHP代码翻译（包括词法、语法解析等一系列编译过程）成可执行Opcode处理，同时实现了相应的处理方法，实现了内存分配及管理、基本的数据结构（如hashtable、oo），并提供了相应的API方法供外部调用，所有的外围功能均围绕Zend实现，它是一切的核心。

Extensions，以Zend引擎为核心，通过组件式的方式Extensions提供各种基础服务，标准库、常见的各种内置函数（如array系列）等都是通过Extensions来实现，用户也可以根据需要个性化地实现自己的Extensions以达到性能优化、功能扩展等目的（Extensions的典型应用就有百度应用贴吧正在使用的PHP中间层、富文本解析）。

SAPI全称是Server Application Programming Interface（服务端应用编程接口），SAPI通过一系列钩子函数，使得PHP可以和外围交互数据，这个设计使得PHP非常优雅而且成功。PHP通过SAPI成功地将本身和上层应用解耦隔离，从而针对不同应用可以不再考虑如何进行兼容，而针对自己的特点实现不同的处理方式。

Application，即编写的PHP程序，通过不同的SAPI方式得到的各种各样的应用模式，如在命令行下以脚本方式运行、通过Webserver实现Web应用等。

本研究开发使用的前端动态语言PHP开发基于以下流程（图 4-20）。

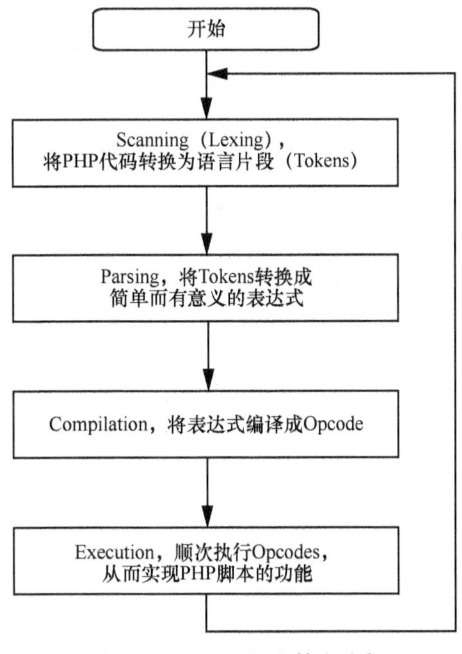

图 4-20　PHP 开发基本流程

研究开发的系统前端采用HTML 5 +Bootstrap响应式布局框架，该框架能够自适应各种设备屏幕并根据不同屏幕大小用不同的方式显示用户界面。其优点是无须额外开发工作即可在计算机、iPad、智能手机等移动设备上自适应显示，显示效果良好。图4-21为安卓智能手机客户端的语义文献检索前端。

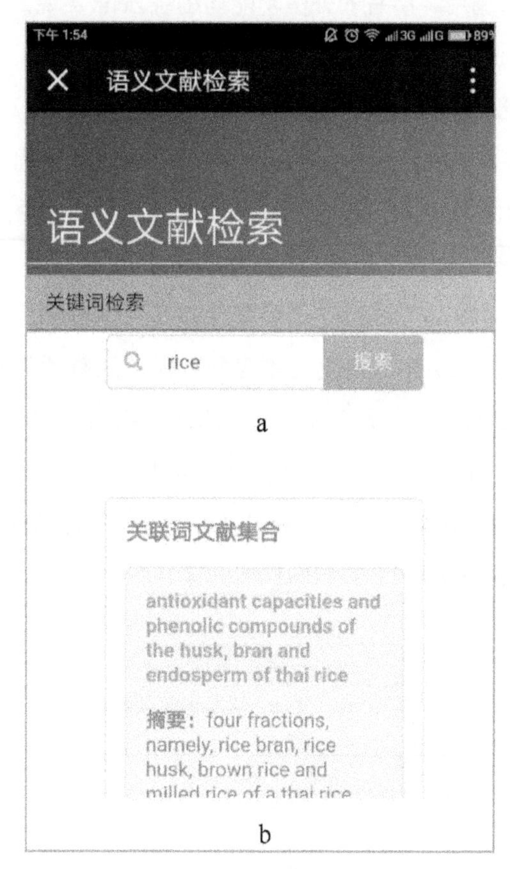

图4-21 语义文献检索前端

如图4-21所示，实现的界面具体以语义文献检索系统为例，其关键词检索工作流程如下：

① 用户输入关键词；

② 系统通过关键词进行多语种匹配，找到对应的英文版本标签实体；

③ 将匹配到的标签实体作为主语，进行语义三元组搜索。

其关键词检索基本流程如图4-22所示。

其中，以输入农业类的关键词“Farmers”为例，关键词显示结果如图4-23所示。

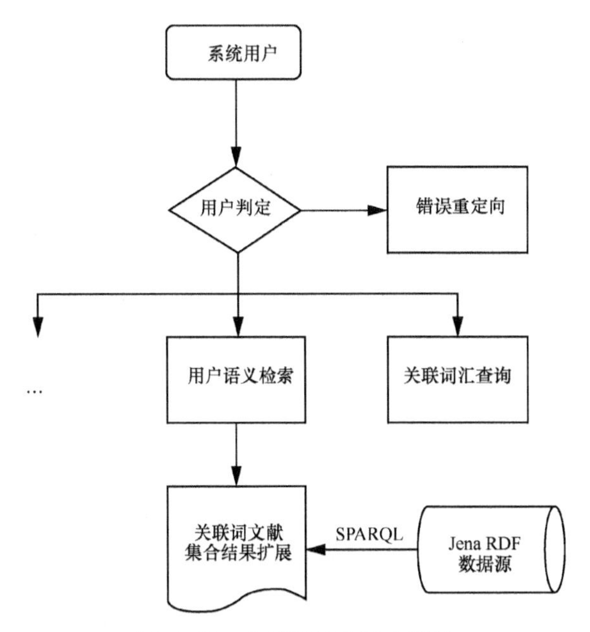

图 4-22　关键词检索基本流程

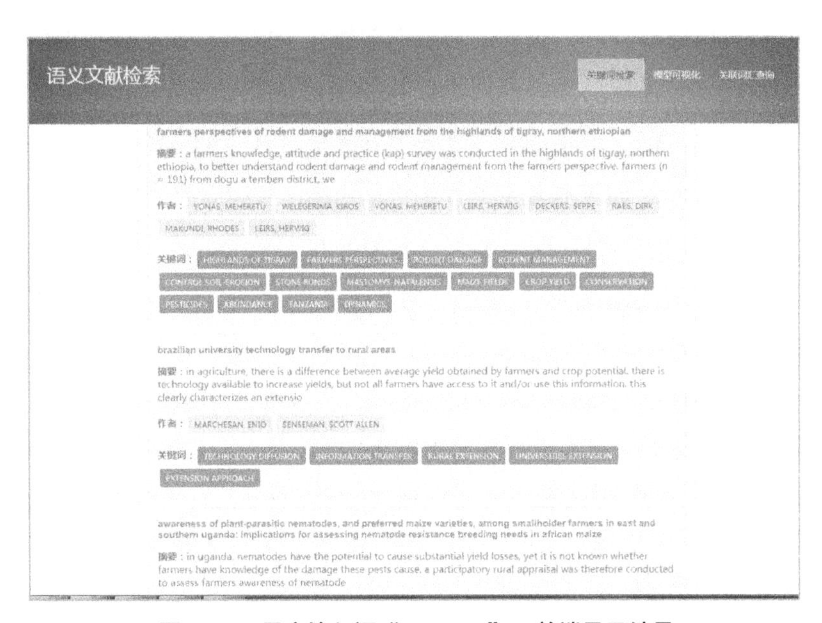

图 4-23　用户输入词“Farmers”，前端显示结果

4.2.3　验证系统后端实现

在研究中，Web 服务框架选择的是Django，其主要特点在于该Web库实用性和可塑性较强。在Django Book中有一段话对它的解释清晰明了，“Django是一个可以

使Web开发工作愉快并且高效的Web开发框架。使用Django，使你能够以最小的代价构建和维护高质量的Web应用。”

Django 最初起源于美国芝加哥的 Python 用户组，其主要开发者是具有新闻从业背景的 Adrian Holovaty，目前已成为应用于 Web 开发的高级动态语言框架。在 Adrian 的领导下，Django 小组以为 Web 开发者贡献一款高效完美的Python 开发框架为目标而不懈努力，并且在 BSD 开放源代码协议许可下授权给开发者自由使用。Django 拥有完善的对象关系映射机制、模板机制及用于动态创建后台管理界面的功能。

研究之所以采用Django 框架，主要基于以下原因。首先，在实体映射方面，开发者可以利用Django 的对象关系映射机制在 Python 中灵活定义数据模型，同时通过其功能强大的动态数据库（包括 Postgresql、MySql、Sqlite、Oracle 等在内的多种后台数据库）访问 API，从而使得 SQL 语句书写工作不再沉重。Django 的 URL 分发设计得简洁而美观，字符乱码的情况几乎会绝迹。此外，通过使用可扩展的内置模板，Django可以将模型层、控制层与页面模板完全隔离，独立进行编码。Django 自带Cache 系统，必要情况下，开发者可以根据自身需要进行 Cache 框架的嵌套。虽然从某方面来说，Web 开发是一件让人感到振奋且具有创造性的工作，但是它又是非常烦琐的。Django 通过对重复的代码进行精简，使得开发者能够专注于在 Web 应用的业务层面。与此同时，Django并不希望开发者受限于已有框架，这使得每个由 Django驱动的Web应用都各具特色，同时又各司其职。例如，设计师可以改变 HTML页面的样式而不用接触Python代码，开发者可以更改一个应用程序中的 URL 而不影响这个程序底层的实现。数据库管理员可以重新命名数据表并且只更改一个地方，而无须从一大堆文件中进行查找和替换。

此外，Python还有其他Web框架。Tornado也是Python下著名的Web框架。Tornado 与主流 python Web Server框架不同，Tornado是一种非阻塞式服务器，速度极快。每秒可同时接受多达上千次请求，因此Tornado适合用于实时 Web 服务提供场景。Tornado的全栈开发工具能够兼容应用开发的任一环节，并可部署在高端或低端配置的硬件资源上。更重要的是，Tornado 的结构设计为基于Python的Web开发人员和第三方开发商提供了一个开放环境以扩展其完整生态。目前，已有大量的应用程序接口（API）可以利用并提供了完整的技术文档，其内容覆盖了包括开发环境接口在内的各类连接。Tornado自身还内置了功能强大的开发调试工具，包括用于

C语言和C++语言的源代码调试工具、目标工具管理及系统目标跟踪、运行环境内存使用分析工具和自动配置工具等，为经常面对大量实际开发问题的嵌入式开发工程师提供了很完备的支持。

经对比分析，研究选择Django作为Python Web框架，主要原因是Django内置了数据库表单设计支持，对于基于数据库的应用，能够大幅降低其开发周期。

搭建Django环境需要安装Python及相关数据库支持。相关组件安装完毕，即可创建一个Web Project。新建项目后，Django会自动生成一系列文件，如Django-Ddmin.py文件用于对整个搭建的Web站点进行管理，因此需要将该文件加入系统路径。进入Django安装目录，运行如下命令完成新建项目："python django-admin.py startproject mysite"。startproject命令创建一个项目目录，包含一个名为mysite的文件夹（该文件夹用户可自己命名）和一个名为manage.py的文件。

新建的项目目录mysite文件夹下会自动生成4个文件：__init__.py、settings.py、urls.py和wsgi.py。__init__.py可以向Python编译器初始化工程模块。manage.py是用于管理Web站点的Python脚本文件，如站点的启动和控制台输出等操作都通过该文件运行实现。与django-admin.py配合，可以对建立的Web项目进行管理配置。Django项目的配置及与项目相关的配置参数和数据库全局配置信息都存储在settings.py文件中。urls.py负责配置URL的地址路由及映射，并负责管理项目URL地址的格式。

Django package是可用于开发期间的一个内建的、轻量级的Web服务框架。基于Django的Web服物可以实现快速的Web应用开发和部署，在项目开发阶段，Django完全能够满足Web服务的一般要求，并能够正式对外提供服务，而无须进行产品级的Web Server（如Apache、Nginx）配置。作为一个完备的开发阶段Web Server，Django可以监测项目代码并自动加载代码，因此在开发阶段可以随时修改代码而无须重新启动Web服务。当新建的项目代码完成开发测过程后可以上线运行时，Django可以提供轻量级的Web Server，随时在开发过程中运行代码并进行测试。启动Django Web Server可通过命令行的方式，进入项目目录并运行以下命令：

"python manage.py runserver"。

Django控制台会输出以下信息（可能会因实际版本不同，显示的信息也有所不同）：

"Django version 1.8.2，using settings 'mysite.settings Starting development server at http：//127.0.0.1：8000/

Quit the server with CTRL-BREAK”。

可以看到，通过运行上述命令会在该机 8000 端口启动了一个本地Web服务，该服务只能从该机连接和访问，在网页浏览器中输入“http://127.0.0.1:8000/”即可访问项目页面。

Django 自带的Web Server对于开发人员非常便利，但在生产环境下不能作为正式的应用布署在环境中使用，因为同一时间该服务只能可靠地接受并处理一次单个请求，并且该服务不会对整个响应过程进行任何类型的安全审计。

该机启动Web 服务的端口可以修改，以解决可能的端口冲突问题。默认情况下，runserver命令在 8000 端口启动Web Server，并且仅会监听本地传入的连接。

更改服务器端口可将端口作为命令行参数传入：

“python manage.py runserver 8080”。

在该命令中，指定一个 IP 地址，你可以让Web Server提供非本地连接访问。如在开发过程中需要与其他开发人员共享同一Web站点，可使用此方法让所有开发人员访问统一站点已进行联合调试与开发。如：

“python manage.py runserver http:/111.203.20.33:8000 ”。

上面命令中，111.203.20.33 即用户提供的外网IP地址。这样，本地网络中的其他计算机就可以在浏览器中访问该IP 地址下的Web Server。在浏览器中输入“http://111.203.20.33:8000/ ”即可打开该站点。

在传统Web应用系统的开发中，很大一部分工作量必须用于设计和构建数据库创建需要的数据表和设置表字段。Django为此提供了轻量级的解决方案。借助Django内部的对象关系映射机制，可以用Python语言实现对数据库表中的实体进行操作，实体模型的描述需要在文件models.py中配置。

功能实现后，作为Web应用系统最关心的是性能问题。但目前的应用场景和环境配置应该尚能够满足要求，这也是我们没有选择Tornado的原因之一。其中，最麻烦的事情可能是开发扩展和可维护性。如果关心性能，也可以在功能完善的情况下，考虑服务器的优化。如引入Cache服务、服务器负载均衡等。在Python调用Web服务器启动后，可进入前面展示的前端检索页面，下面着重描述系统后端如何配合前端实现语义的可视化。

语义文献检索系统实现的语义可视化界面如图 4-24 所示。

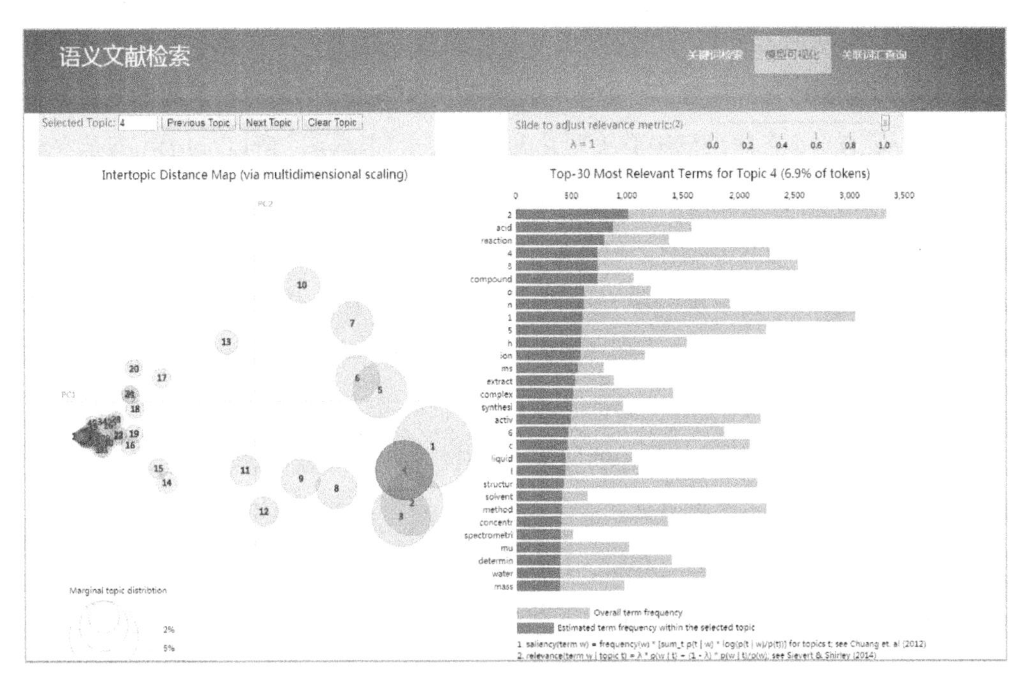

图 4-24　语义文献检索可视化及主题相关度量

系统模型使用LDAvis进行可视化，LDAvis探究了主题—主题、主题—词语之间的关联，主题—主题用多维标度的方式，将两者投影在低维空间，从而进行比较并发现其关系。关于主题—词语之间的关联，最初业界主要通过直接计算每个词条的词频，或TFIDF值来衡量，该模块用了以下的公式：

$$\text{relevance}(\text{term } w \mid \text{topic } t) = \lambda \times P(w \mid t) + (1-\lambda) \times P(w \mid t)/P(w)。 \tag{4-73}$$

该主题—词语关联度综合了词频与词语的代表性两种属性，其中λ用于调节两种属性哪个更为重要。λ取值在 0 ～ 1，可以由研究者自行调节，λ值调节为多少更合适需要看具体案例。

研究使用潜在狄克利蕾分布主题模型LDA+LDAvis对提取的主题进行可视化分析，其所需要的数据结构都是不同的。最开始的基本文本预处理大致相同，包括整理文本、分词、清洗、去停用词、去除无意义词汇等。特别是去除无意义词汇对结果影响很大。很多实际意义不大的词汇凭借其高出现频度，占据每个主题的较高排名。因此，去除无意义词的清洗过程需要反复执行、清洗。Tpicmodels 和LDA模型都需要将文本数据转化成list，每个list元素保存着一个文档内的词汇，笔者使用手中数据预处理 7 万多篇农业科技文献，因此list中存储着上万篇文档，每个list存储 1 篇农业科技文献的所有单词。同样，对其中LDA结果可视化选择使用Python写的pyLDAvis。pyLDAvis 是一个交互式的主题模型可视化包，可以将主题模型建模后的结果，利用D3.js封装好的一个可视化模板，制作成一个网页交互版的结果分析工具。在pyLDAvis之前，已经有人用R语言制作出LDAvis，所以pyLDAvis是在参考了R语言版本的基础上再次开发出来的，研究使用的是Python调用R的LDAvis的接口来使用LDAvis进行可视化。LDAvis开发者开发这款工具的初衷是为了回答3个问题：What is the meaning of each topic ？（每个主题的意义是什么？）How prevalent is each topic ？（每个主题有多么的普遍？）How do the topics relate to each other?（主题之间有什么关联？）LDA主题模型有很多工具和代码可以实现，真正难的是对分析结果的解释。最难的部分就是如何去解释每个主题，以及如何澄清提取出来的主题在什么程度上能够覆盖文本里的意义。所以，LDAvis的作者在制作这款工具的时候，多半也是想到了这些问题，最终这款工具提供的可视化呈现，也正好回答了上面3个问题。用LDAvis做可视化，需要把相应的参数准备好，其代码实现如下所示：

“

```
theta <- t(apply(fit$document_sums + alpha, 2, function(x)x/sum(x))) #文档—主题分布矩阵
phi <- t(apply(t(fit$topics)+ eta, 2, function(x)x/sum(x))) #主题-词语分布矩阵
term.frequency <- as.integer(term.table) #词频
doc.length <- sapply(documents, function(x)sum(x[2,]))#每篇文章的长度，即有多少个词
```

”

调用LDAvis：

“

```
library(LDAvis)
json <- createJSON(phi = phi, theta = theta,
                   doc.length = doc.length, vocab = vocab,
                   term.frequency = term.frequency)
#json为作图需要数据，下面用servis生产HTML文件，通过out.dir设置保存位置
serVis(json, out.dir = './vis', open.browser = FALSE)
```

”

这样就利用已经训练好的LDA模型实现了一个基于网页的可交互的主题模型可视化分析，servis会在指定的路径下生成文件夹LDAvis，如图4-25所示。

图4-25　LDAvis可视化前后端文件

将文件全部上传服务器或者用firefox(其他浏览器可能会引发兼容性问题，因为网页需要读取数据文件，需在服务器环境下才行)，即可看到上面的交互效果界面。

研究所开发的关联词汇检索系统，则是使用训练出的word2vec模型中的主题，计算其相邻语义来找到相近词汇。根据向量直接的距离来计算相关性，从而将用户感兴趣的相关科技文献信息结果优先展示，这也实现了推荐系统的功能。

系统的最后功能模块是关联词汇查询，用户输入一个词汇，系统实现后端语义挖掘，对关联的词汇进行基于word2vec算法的相似度计算查询，找到相似度较高的术语，当然该相似度取决于所训练的语料。其界面如图4-26所示。

图4-26　关联词汇检索界面

其中，调用语义挖掘模型结果Web数据库，进行word2vec相似度计算查询，后台实现的关键Python代码如下：

```
"
__author__ = 'cuiyunpeng'
from gensim import *
# variable word is a single word
def oneWordSimVec(word):
model = models.Word2Vec.load_word2vec_format('vectors.bin', binary=True)
returnWords = model.most_similar(word,topn=10)
return returnWords
# variable words is a set of words,e.g. {'rice','transgene'}
def oneWordSimPhrase(words):
model = models.Word2Vec.load_word2vec_format('vectors_rice_phrase.bin',
binary=True)
returnWords = model.most_similar(words,topn=10)
return returnWords

#variable words is a set of words e.g. {'rice','transgene','crop','wheat'}
def doesntMatchWord(words):
model =
models.Word2Vec.load_word2vec_format('vectors.bin',binary=True)
returnWord = model.doesnt_match(words)
return returnWord

#variable positivewords is a set of words and the mount of the words must be 2, e.g.
{'beijing','China','washington'},while negative word is a single word
def threeWordSimVec(positivewords,negativeword):
model = models.Word2Vec.load_word2vec_format('vectors.bin', binary=True)
returnWords = model.most_similar(positive=positivewords,negative=negativeword)
return returnWords
"
```

4.3　结果展示及对比研究

4.3.1　词频和关键词检索定性结果对比

关键词提取就是利用自动化的算法流程在待处理的每个篇章中找出一些能够代表该文章的词语。一篇文章对应的几个关键词，代表了该文章的主要内容和关键特征，是能够表达该文档意义的最小词汇集合。除此以外，关键词还可以在文本聚类、分类、抽取式摘要及开放信息抽取等自然语言处理任务中有着重要的作用。

关键词提取在一些NLP的实际场景中发挥着重要作用：① 在聚类算法开始之前，通过比较关键词的方法查找到特别相似的文章集合，然后将每一篇文章的相似集作为一个聚类过程中的基本单位，这样可以大大提高k-means聚类的收敛速度。② 将关键词提取算法应用于一个领域内的所有文章中，就能够发现该领域的主要研究方向和趋势。③ 将微博上已知的存在内在联系的不同用户发起的几篇文章提取关键词就能够发现用户最近在讨论什么话题，以及他们主要的兴趣领域。在科研文献中，文章的关键词作为写作格式的一部分是不可能缺失的，但是其他领域的大部分文章却不会由作者主动地给出代表文章内容话题的关键词，这时就需要先使用算法对这些文章进行关键词抽取，然后才能进行后续的基于关键词分析的处理步骤。在各种关键词提取算法中，有分配法和抽取法两种基本的抽取方式。前者在进行关键词抽取的时候会把抽取结果中的词限定在一个词语集合，而这个限定词语集是事先准备好的；后者则没有对抽取过程做出这样的限制。当然，前者的实现难度虽然更低，但是基于后者实现的算法更有实际意义。

目前，与大多数领域无关的关键词抽取算法（领域无关指的是算法本身没有针对处理任何领域的文本的过程做出特别的规划，即使用完全相同的方法处理各个领域的数据）都采用了抽取法。另外，除了抽取结果是一些单词集合的这种简洁的方法（如FudanNLP、jieba、SnowNLP），还可以在抽取结果中加入一些表示逻辑的连词，从而增强结果的表达力，但是这就要求在处理过程中再增加一个短语抽取的步骤，此类的实现包括ICTCLAS、ansj_seg等，抽取的结果类似于“九年义务教育”“自然语言处理”“人工智能浪潮”词组。这样的词组形式比词集合有更强的表达能力，代表了一个个分立的词所无法代表的独特语义。

在关键词搜索领域还有一个尚未解决的问题，即是否有必要使用或者保留外部知识库。一些学者认为，在大规模的关键词算法中需要保存更多的信息，所以TF-IDF在关键词提取算法中需要记录每个词的逆文本频率，并在组合后构成外部知识库供后续流程中的算法使用。初代KEA算法除了使用TF-IDF技术外，还在计算过程中考虑了词语在篇章中的位置因素。而这么做的原因则是基于大部分文章都会在篇章的首部或者尾部位置进行总结，因此认为出现在首部或者尾部的单词会有更大的可能代表了关键性的语义，从而更应该被加入结果中的关键词集。还有学者提出，可以在前面这些算法的基础上加入LDA模型，从而更高效地找出和文章主题的向量空间夹角距离最短的词语，并进一步抽取文章的主题分布。

另外，也可以使用word2vec模型，找出文本中占多数的类团词并从中提取出关键词。

不依赖外部知识库的关键词算法的主要思路是从文本本身发现和总结一些有较强特征性和普遍性的文本结构。比如，TextRank算法利用了有代表性的关键词在文本中的出现频率较高，且相互之间会有一定的联系的这一规律。它考虑了文本中一个词语与周围N个词之间会有一定的相互联系，而所有的这些联系共同构成了一个关系网络，对该网络使用类似PageRank的方法算出每个节点的权值并将它们对应到相关的词语，最终从权值最高的词中选出一些关键词。使用了思路的算法模型有SnowNLP和FudanNLP等。除此之外，还可以利用关键词反复出现并且每次前后搭配了不同词语的规律（如ICTCLAS）。该规律的实质是关键词的左右熵会偏高。

目前，论文中关键词抽取的算法越来越复杂，结合的特征也越来越多，因此抽取速度也越来越慢，但是效果也会更好。如LDA、word2vec或者TextRank等深度学习模型，就属于该领域中较为复杂的算法。而简单的关键词抽取算法更是不完美的，它们普遍存在着关键词堆积（Keyword Stuffing）问题，该问题指的是一些网页利用页面上大量重复（堆砌）的常用关键词，从而大幅提升该网页在对该关键词搜索结果中的排名。这些网页利用了在早期搜索引擎算法中普遍采用的TF/IDF方法的缺陷，将该方法概率假设的漏洞彻底放大了，对互联网秩序造成了消极影响。后来，搜索引擎管理者针对该问题，普遍在搜索算法中弱化甚至弃用了相关性因素，并使用专门的检测算法（如LSI）来反制这种关键词堆砌行为。判断通过关键词堆砌技术作弊的网页和正常规范的网页的标准之一是关键词的密度差异及它们的分布合理性。关键词堆砌常在Title、Meta Keyword、Meta Description、页面内容里重复关键词，除此以外还有隐藏文本（Hidden Text）、隐藏链接（Hidden Link）、Noscript等形式。这些关键词的使用形式非常不符合人们的实际阅读习惯，而且关键词的分布状态也很异常，因而很容易被鉴别，并将它们和那些自然地展示优质内容的规范网站区别开来。

搜索引擎的算法需要发现作弊网页并给予处罚，同时要保证不能错误识别正规的网站，所以应当尽量避免使用黑帽手法中的部分操作，但是可以借鉴其中的部分内容，使用户的常规行为、正常的推荐等不会被判为作弊。

综上所述，我们希望：正常的操作，或者模仿用户行为的正常手段，都不会被判为作弊。语义分析算法，就是基于真实自然的一套程序。算法跟人不同，算法是从大量的数据中做对比，同时出现次数较多的词语认为是语义相关。把语义相关引入排名算法中，很容易就能发现那些强行在文章中插入关键词的作弊页面，所以文章中出现相关关键词，有助于页面排名的提升，同时更容易被搜索引擎搜索。LSI算法也是信息检索领域的一种经典语义分析算法，用基于统计的方法对文档形式的文本数据进行语义分析，寻找文本中出现的相近或相关词组等。伪原创在使用时仅换下同义词或近义词，就可以做到句子通顺，但是由于搜索引擎的数据库里面已经收录了很多内容相近的文章，伪原创依旧无法得到搜索引擎的重视，网站的权重值也无法提高。语义分析对依据关键词的网页搜索起到支撑作用，而且能够反制之前提到的堆砌关键词的网页排名作弊技术。但是当潜在语义模型被过度使用的时候，也会产生一些问题，如在搜索引擎输入某个词后，搜索结果中可能有很多不含该搜索词的网页内容。例如：在搜索请求中输入“布料”，搜索引擎发现这个词的周边经常出现“代理商”“童装”“女装”等词，在收录页面之后，由于这些词出现在一起的次数很多，搜索引擎认为可以形成一个共同的话题，从而把这些词归纳为语义相关的词。当这些语义相关的词出现在一起形成一个话题时，对页面核心关键词的相关性也起到增强的作用，搜索的排名也会得到提高。搜索引擎目前对外链锚文本内容的相关性越来越看重，分析锚文本内容的相关性可以借助语义分析来判断。如果一个服装网站中出现两个外链，内容分别是某种女装和某种食物，那这两个外链的质量会有很大的差距。搜索引擎可以根据外链网站的主题内容或是对应的锚文本，通过语义分析来判断外链网站的相关性，在同等条件下其相关性越高质量就越高。网站的关键词结构布局也同理，整个网站关键词布局可以参照“金字塔”关系，从塔顶到塔底对应的是首页到详细页，关键词也可以从难到易，或者按照包含的关系从行业词到精准词，有层次地展示形成的共同话题内容，这样整个网站结构关键词布局就会比较清晰，搜索引擎识别起来也会比较容易；文章按照这样的布局来写会比较紧凑，不易跑题。语义分析归根到底与最基础的语文写作类似，即围绕“中心思想”来写，从SEO关键词角度来说，标题关键词和网页的相关性就会得到加强。这是搜索引擎判断关键词排名很重要的一个基点，不容忽视。语义分析能让搜索引擎为用户提供更多、更准确的信息，因为用户搜索的内容不同，甚至可能会出现错别字，而按照原来的算法，如果对应的网站没有这方面的关键词，则不给予显示，那么用户很可能就永远找不到自己想要的内容。引入语义分析这方面的算法，就能给用户提供更准确、更有价值的内容，即使部分网页不含用户的关键词也能给予一定的排名，很可能这部分内容就是用户需要的内容。所以基于布尔检索模型，通过特定的布尔表达式计算文章和检索词之间的相似性，其中所使用的布尔表达式是基于两个对象对应词语位置的词向量中，各位的“与”逻辑，所以是一种严格匹配。在上述“与”逻辑的基础上，对文档和查询词中的词向量相“与”的结果向量进行求和，向量中的元素如果为真，则记为1，进入求和，否则记为0。

向量空间模型（VSM）相对于标准布尔模型，优势在于：采用了简洁的向量空间模型，对向量间的相似度的计算方法也摆脱了过于精确的二值化方法的局限性；可以在查询与文档集间计算一个连续的相似度；可以按照文档集间的关联度做排序及可以进行局部匹配。布尔模型的优点在于这种模式应用比较简单，所以以后的搜索算法仍然受到了它的广泛影响。其缺点则是只能严格匹配，对于普通用户而言构建查询较难。向量空间模型的局限性体现在：第一，因为近似值的最终计算效果并不理想，所以无法适应处理超长文件的任务。第二，词组之间的匹配方式同样过于严格和苛刻，因此会将一些其实符合搜索意图的结果错误地排除。还有语言敏感度不佳的问题：相同情境下使用语汇不同的文件无法被关联起来。模型还假设了词语在分布特性上是各自独立的，这点在现实情况下很难达到。

但是传统的向量空间模型过分理想地假设了特征项之间相互独立，为了改进该模型条件，可以采用分布式表示法，把文本转换为连续而稠密的特征表示（如词嵌入方法）。经过这样的转换，就能把处理稠密数据的通用而经典的方法使用到文本处理问题中。将词向量技术和卷积神经网络结合起来，将词向量在计算完成后送入深度网络进行进一步的处理从而用于分类问题，就能同时考虑词语的相似性和词语的位置关联因素，从而获得更好的效果。我们将这种方法使用在数据集上，使得

F1-score大幅上升，最终达到了0.9372分。诚然，TF-IDF和TextRank是两种提取关键词的经典算法，它们都有一定的合理性，但是，如果从来没看过这两个算法的读者，会感觉这个结果不可思议，很难能够从零开始把它们构造出来。也就是说，这两种算法虽然看上去简单，但并不容易实现。试想一下，没有学过信息相关理论的同学，估计难以理解为什么IDF要取一个对数？为什么不是其他函数？又有多少读者会破天荒地想到，用PageRank的思路去判断一个词的重要性呢？说到底，问题在于：提取关键词和文本摘要，看上去都是很自然的任务，有谁真正思考过，关键词的定义是什么呢？这里不需要汉语词典中一大堆文字的定义，而是问数学上的定义。关键词在数学上的合理定义应该是什么？或者说，获取关键词的目的是什么？总之，不要只关注目标关键词，还要多引入一些相关关键词，也就是近义词，或者是跟目标关键词相关的东西，比如一篇与教育相关的文章，那么文章中就要出现学生、老师、教育制度等词语，其实这些词汇在正常的写作过程中一般会自然出现，把语义分析单独列出来讲，是为了在写作的过程中将SEO一些技巧合理地运用其中，这样的文章不仅用户可读，而且在任务中表现更好。向量空间模型用分别代表两个文档的向量的余弦距离来度量这两个文档的相似度，距离越近则相似度越高。首先，这种模型的优点是简洁直观，可以运用到地理信息学、生物信息学等不同领域。其次，可以进行严格匹配，从而提高算法模型的正确率。最后，通过检索结果可以发现最后的效果还不错，但还远远无法满足现实中的检索要求。

为了在更广泛的条件假设下获得效果更好的模型，有学者提出了基于语义分析的特征提取与文本分析方法，如LDA主题模型、LSI/PLSI概率潜在语义索引等，从而挖掘文本数据中的更深层的潜在结构特征。对比传统的关键词抽取检索系统，利用LSI和LDA的主题模型进行语义挖掘的效果已经在很大程度上获得了提高，Latent Semantic Indexing（潜在语义索引）在搜索技术中所占的比重持续增长，但是难以在众多关键词匹配方法中占据主要位置。很多人认为，可能因为在Google排名算法中，潜在语义索引的权重大大提高，使之对网页排名的影响增大。那么，如何理解潜在语义索引，及潜在语义索引如何检索结果排名？传统的搜索引擎是一种基于关键词的算法，不仅指网页中的关键词，还包括链接锚点文本中的关键词。搜索引擎通过统计特定网页中关键词的位置、频率及相关链接数据中的文本信息，从而找到最符合检索意图的搜索结果，这是在之前计算机技术水平下搜索引擎对“向用户提供所需内容”的最接近模拟。但是，在语言的使用中普遍存在着一词多义的现象，而这些现有的搜索技术不能很好地处理这种情况，并根据具体的上下文环境在一个词语的多个可能的意义中选择出最恰当的那个。最终导致搜索引擎给出的结果既包括用户不想要的内容，也忽略了用户真正要找的部分。这个弊端是传统的搜索引擎算法无法克服的。虽然相关领域的学者和业界研究人员仍旧持续地进行着研究，但对自然语言理解的相关探索还只停留在研究阶段，距离真正能够实现对于文本数据的彻底理解，在海量文本数据中高效准确地提取出结构化的知识或者信息的程度依旧十分遥远。

潜在语义索引（Latent Semantic Indexing，LSI）就是尝试改进全文搜索技术的一种解决方案。它不再从文本的语义解析出发，而是以统计学的概率方法计算相关性，从而在准确检索的同时保证搜索的效率。它改进了之前对网页信息的搜集流程：除了把网页中的所有词语的频率统计并整理为词袋模型中的数据，还将该网页与数据库中已经整理好的网页的词袋模型特征进行比对，从而更新网页之间和词语之间的相关性数据。具体来说，它会对比已知的高相关性的网页中的关键词集合，并在集合的交集中找出未知的关键词相关关系。需要注意的是，LSI模型挖掘出的相关关系，并非简单意义的语义相关，而是更加泛化、更加潜在的相关关系。比如，对“蛋糕”一词而言，与其语义相关的可能是“奶油蛋糕”“鸡蛋糕”之类，但潜在相关的则可以是“甜点店”“奶茶”等。虽然搜索引擎本身并不知道某个词究竟代表什么意思，但通过潜在语义索引算法，搜索引擎能够更加精准地判断特定网页中内容与搜索词之间的相关性，精确检索内容，从某种角度上看，这种分析更接近于“人”的思维分析方式。在LSI算法的实际应用中，Google公司最先将其加入其广告系统的算法系统，寻找系统内部广告和网页的内在联系，从而在特定网页上投放最相关的广告。随后，才将其引入搜索排名算法中，不过LSI在其排名算法中所占的比重从小到大逐步增长，最初其所占的比重很小，原因是当时的LSI算法并不完善，并不能完全适用于Google公司的搜索排名系统。但是我们也不能因此就否认LSI算法的实用价值，因为如今它在广泛的文本检索和排名领域中都发挥着重要作用。

那么LSI算法和其他搜索算法是如何在搜索引擎中共同作用，并最终响应查询请求返回相关网页列表的呢？首先，要解决的问题是，在原有的搜索算法中引入LSI算法，会降低部分和检索意图非常相关的网页在检索结果中的排名。比如，一个优化良好，在之前的关键词匹配算法下拥有最佳的关键词密度，并且网页排名靠前的网页，在引入潜在语义索引算法后可能在搜索结果的前几页完全消失。其次，在链接锚点文本中也会有同样的影响。如果一个网页反相链接的锚点文本大量使用相似的关键词，链接自身的价值会大幅降低。为了解决这种问题，引入概率统计推断的LSA改进模型PLSA从而改进算法最终结果。该模型是为了改善与增强LSA模型的概率解释性，它保持了自动文档索引、构建语义空间和文档降维的优点，同时还利用潜在的层次模型提供概率混合组成分解，以似然函数的最优化作为结果，配合退火EM算法适应模型拟合，提供了检索匹配结果在统计推断上更加合理的方法。Hofmann分别以LOB语料库和MED文档作为测试数据，以复杂度为测量指标，对比评价了LSA和PLSA，发现PLSA的复杂度减少相比LSA更加明显，且模型匹配的准确率更高。但该模型也存在一些缺点，如模型中的参数数量会随着文本语料大小的增长而增长，导致没有较好的手段防止过拟合现象发生。

在主题模型的发展过程中，多位学者对PLSA中存在的多种问题逐步进行优化改进，使得该模型在很多方面获得了提升。其中，效果最出色的Blei等（2003）的博士论文提出了LDA模型。LDA是一个三层贝叶斯模型，可用于文档分类、特征检测、自动总结、相似性排序等NLP任务。另外，它还尤其擅长文档建模、文档分类和协同过滤等。但是，Blei提出Hofmann的PLSA没有提供解决文档间层次的概率模型的问题，因为LDA是基于词袋假设的，在该假设中文档内词语的顺序对文档检索没有影响（Salton et al., 1983）。在LDA中使用了变分法近似估计和EM算法推断经典的贝叶斯参数，基于经典的Finetti（1990）定理，可以发现文档内部混合分布的统计结构，更好地解决文档建模、文档分类和协同过滤等问题。在文档建模方面，测试语料库选择的是TREC-AP语料库，测试指标是对比平滑混合一元模型和PLSA复杂度，结果显示LDA复杂度最低，模型表现最好。

在文档分类方面，测试文档是路透社新闻语料，指标是精确度和复杂度，依然显示LDA模型表现最好。它存在的劣势在于基础词包假设允许多个词从同一个主题产生，同时这些词又可以分配到不同的主题。为了解决这个问题，需要扩展基础的LDA模型，释放词包假设，允许词序列的部分可交换性或马卡洛夫链性。

word2vec则在这些算法的基础上进行了开拓性的创新，它是对文本进行分布式表示（Distributed Representation）从而用于后续的深度学习过程。它不再将每篇文章分别对应一个特征向量，而是把每个词都对应到了一个向量上，并将这些词向量通过RNN等序列模型计算后重新得到文章的特征表示。严格地说，在word2vec之前的其他算法模型中也对词进行了向量化表示，那就是使用了One hot 的编码方式。

而该方式得到的词向量是非常稀疏的，这种向量的长度非常长，而且之中只有一位可以携带“1”，而其他都必须携带“0”。word2vec得到的词向量则完全不同，它的词向量是非常稠密的，向量中的“1”可以是任意个数。所以当它是n维向量，每维k个值时，就可以表征k的n次方个概念，而同样条件下的One hot 向量就只能表示$n \times k$个概念。所以，它们表达能力的差别非常巨大，并且数据的规模越大，这种差异就越明显。正是因为word2vec的向量是稠密的，所以才能直接作为神经网络模型的输入，从而展现深度模型的强大能力。

而且，word2vec模型本身训练速度快，方便实用。它之所以训练速度快，是因为它属于浅层神经网络模型。另外，它在模型的训练过程中还使用到了很多加速训练过程的优化技巧。如它在最终的输出层使用了sigmod函数，省去了大量的重复计算。而且，word2vec对计算句子间相似度计算的过程也有改进，首先将句子里的词向量直接相加然后归一化处理，再计算其余弦相似度就可以得到句子之间的相似度。首先，将欧氏距离的概念应用到特征向量空间，从而获得对于向量间相关性的度量方法。如果用word2vec结果作为一种软性匹配评分（soft matching score），那么可以把机器翻译的评价指标BLEU改造一下用来计算句子—句子的相似度。如何定义句子的相似度其实是比较困难的，往往句子和具体应用相关，也不能弄清楚是topic还是semantic上的需求相关，例如：“I like this laptop”和“I do not like this laptop”。用不同的相似度定义方法，得出的结果也不同。这个和Paraphrase的研究其实也有些关系，现在大多数工作感觉都是从相似度的角度去研究，但按照严格定义应该是看双向的蕴含关系。具体方法很简单：假设有两个句子A、B。A里的每个词是A_i，B里的每个词是B_j：先计算A、B句子里每两个词的距离 i.e. $D = dist(A_i, B_j)$over all i，j（这里用在词向量中使用Euclidean distance）。给solver（网上有很多各种语言的EMD solver）生成optimal transport（也叫earth mover's distance，EMD）问题。输入是D，A所有词的词频（A_BOW），B所有词的词频（B_BOW）。EMD基本概念就是把两个句子看成两个probability distribution的histogram，A的是山，B的是坑，用A的山填B的坑，每两个histogram格之间搬运一个词频单元需要做的功是两词间的距离。

我们选用语料库来源的SCI数据库Web of Science和研究开发的语义文献检索系统做对比，输入关键词“farmers”，分别在两个不同系统中检索，其结果如图4-27和图4-28所示。

1. **Decadal analysis of impact of future climate on wheat production in dry Mediterranean environment: A case of Jordan**

   作者: Dixit, Prakash N.; Telleria, Roberto; Al Khatib, Amal N.; 等.
   SCIENCE OF THE TOTAL ENVIRONMENT 卷: 610 页: 219-233 出版年: JAN 1 2018

   出版商处的全文　查看摘要

2. **Climate warming causes declines in crop yields and lowers school attendance rates in Central Africa**

   作者: Fuller, Trevon L.; Clee, Paul R. Sesink; Njabo, Kevin Y.; 等.
   SCIENCE OF THE TOTAL ENVIRONMENT 卷: 610 页: 503-510 出版年: JAN 1 2018

   出版商处的全文　查看摘要

3. **Spatial and temporal patterns of pesticide concentrations in streamflow, drainage and runoff in a small Swedish agricultural catchment**

   作者: Sandin, Maria; Piikki, Kristin; Jarvis, Nicholas; 等.
   SCIENCE OF THE TOTAL ENVIRONMENT 卷: 610 页: 623-634 出版年: JAN 1 2018

   出版商处的全文　查看摘要

图 4-27　Web of Science 中检索词汇“farmers”Top 3 结果

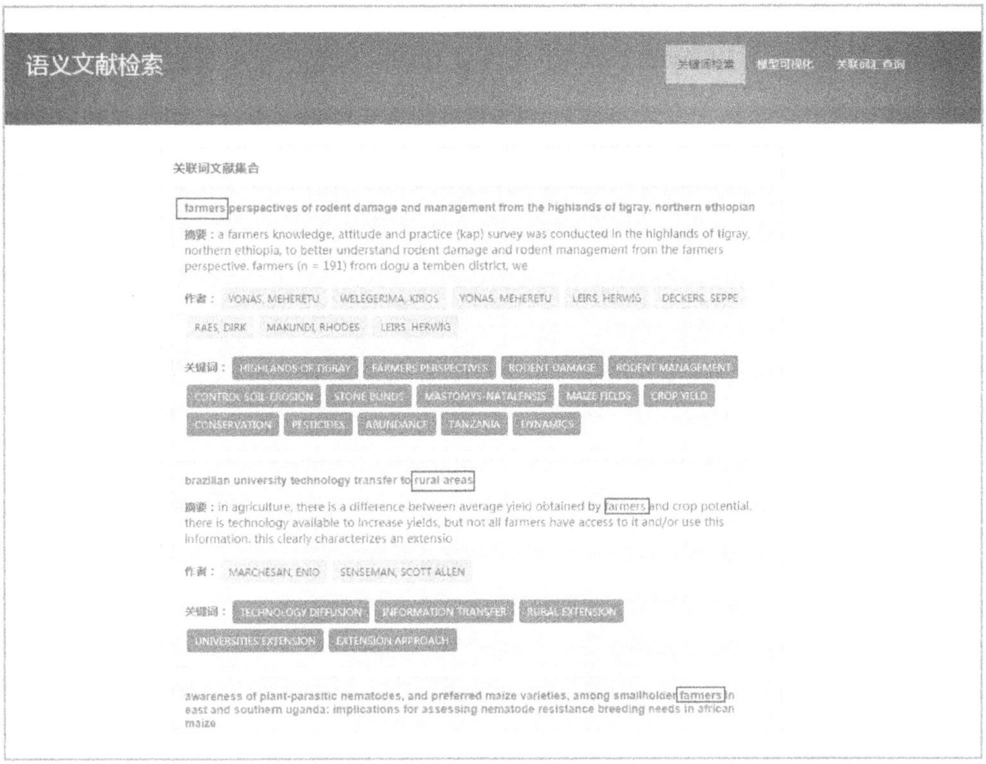

语义文献检索　　关键词检索　模型可视化　关联词汇查询

关联词文献集合

farmers perspectives of rodent damage and management from the highlands of tigray, northern ethiopian

摘要：a farmers knowledge, attitude and practice (kap) survey was conducted in the highlands of tigray, northern ethiopia, to better understand rodent damage and rodent management from the farmers perspective. farmers (n = 191) from dogu a temben district, we

作者： YONAS, MEHERETU　WELEGERIMA, KIROS　YONAS, MEHERETU　LEIRS, HERWIG　DECKERS, SEPPE　RAES, DIRK　MAKUNDI, RHODES　LEIRS, HERWIG

关键词： HIGHLANDS OF TIGRAY　FARMERS PERSPECTIVES　RODENT DAMAGE　RODENT MANAGEMENT　CONTROL SOIL-EROSION　STONE BUNDS　MASTOMYS-NATALENSIS　MAIZE FIELDS　CROP YIELD　CONSERVATION　PESTICIDES　ABUNDANCE　TANZANIA　DYNAMICS

brazilian university technology transfer to rural areas

摘要：in agriculture, there is a difference between average yield obtained by farmers and crop potential. there is technology available to increase yields, but not all farmers have access to it and/or use this information. this clearly characterizes an extensio

作者： MARCHESAN, ENIO　SENSEMAN, SCOTT ALLEN

关键词： TECHNOLOGY DIFFUSION　INFORMATION TRANSFER　RURAL EXTENSION　UNIVERSITIES EXTENSION　EXTENSION APPROACH

awareness of plant-parasitic nematodes, and preferred maize varieties, among smallholder farmers in east and southern uganda: implications for assessing nematode resistance breeding needs in african maize

图 4-28　语义文献检索系统中检索词汇“farmers”Top 3 结果

对比图中结果可知，Web of Science检索的结果更偏向于目前全球气候变化对农民及农业的影响类文章，但是这种偏重点可能并不是我们研究人员需要知道的关键点，某些实验人员更加偏重农民本身甚至农民地区中存在的问题，这就凸显出我们关键语义检索给专业农业科研人员带来的特殊“加成”帮助，这启发我们对大规模特定科研文档进行语义挖掘的必要性和有益性。

4.3.2 定量结果对比（对比词频和关键词检索）

对比之前的LDA实现，分布式并行计算语义挖掘展示了只需要更少的机器，快速训练文档量更多的LDA模型——这归因于data-model的分片，特别是新的Metropolis-Hastings sampler，它比串行的SparseLDA和AliasLDA要快一阶。对多种数据集的试验表明：

① 在相同core数目和机器数目上，LDAvis的分布式实现有接近线性的可扩展性；

② 比起state-of-art的SparseLDA和AliasLDA samplers，LDAvis的分布式实现有接近线性的可扩展性（在单线程设置中测量得到）；

③ 更重要的是，LDAvis分布式实现可以允许很大的数据量和模型量，只需要约 8 台服务器即可。

在本系统实现的大规模文档语义可视化模块中，LDAvis定量展示了相当大的威力，初始化训练后，选择主题数为 5，默认主题模型参数为 1.0，其显示效果如图 4−29 所示。

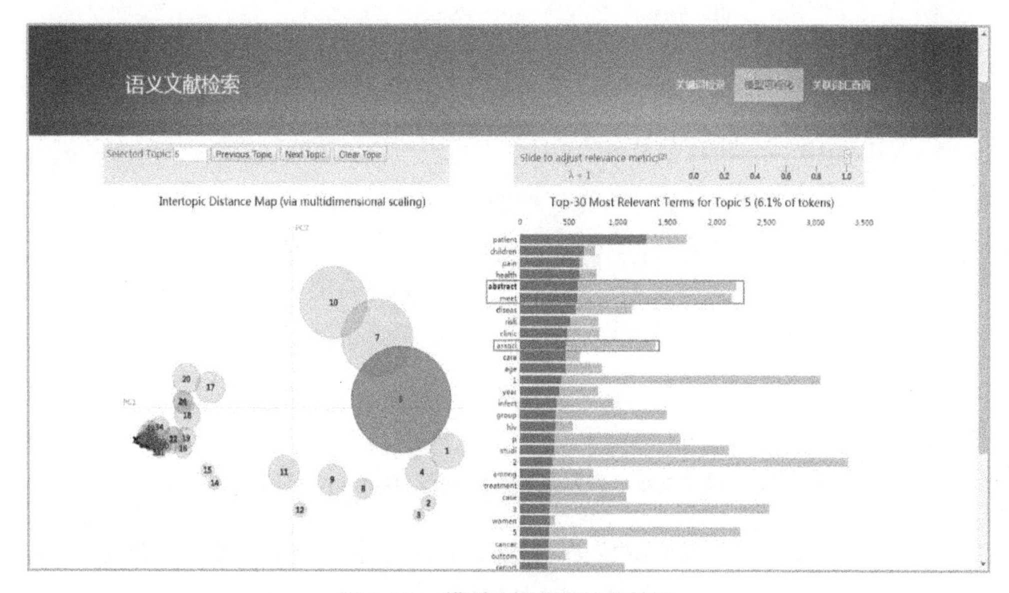

图 4−29　模型可视化初始值情况

其中，前十的相关主题中，“abstrac”和“meet”基本可以断定与主题相差甚远，其中“associ”主题存疑，其可能是疾病类的联系意义，与主题相关，也可能是一般类的联系意义，与主题差距明显。

将主题模型参数调整为0.59，对其中的噪声进行去除，消除一些垃圾词，把无效词清洗干净，最后前十的主题效果如图4-30所示。

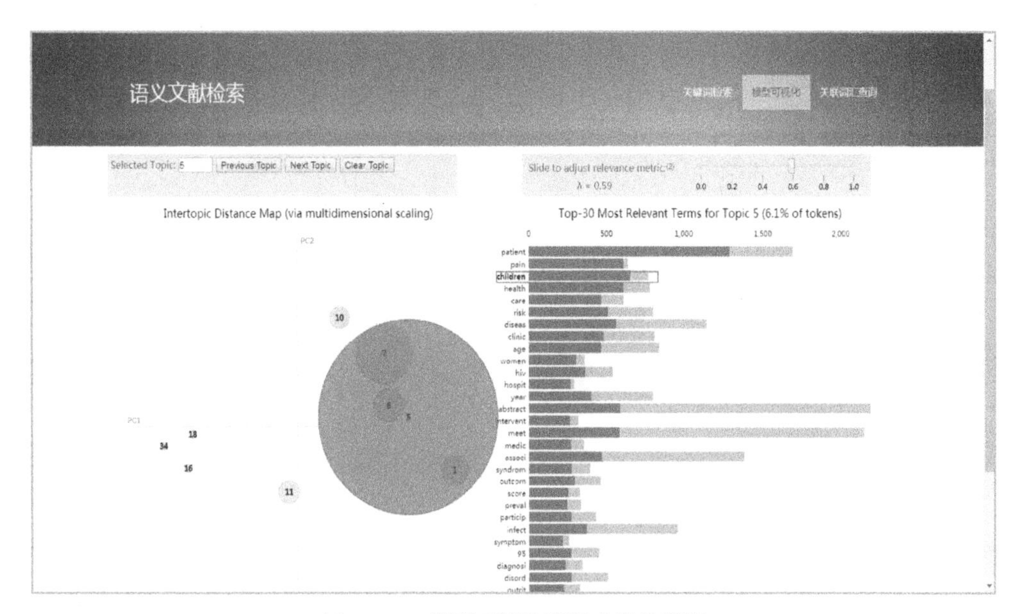

图4-30 模型可视化调整参数值情况

其较好地去除了噪声词，进行了排序，相关主题的前10位数据中可能排名靠前的“children”相关性存疑，因为孩童疾病类发病率较高这一检索结果，可能与主题相关，也可能完全不相关。即使如此，与上面的原始情况相比，相关准确率依然提高了20个百分点，对比传统的关键词检索后排序固定的情况，研究开发系统模型有较明显的提升。

第五章

主要研究结论

本研究以潜在语义挖掘理论研究与分布式并行计算方法研究、分布式潜在语义挖掘并行计算技术研发和大数据环境下潜在语义挖掘比较研究 3 项内容为切入点，重点解决文献服务实际应用场景下的大规模科技文档语料潜在语义信息挖掘的问题，化解大规模科技文档语料分布式潜在语义挖掘并行计算过程及定量判断大数据环境下科技文献数量变化对深度潜在语义挖掘影响的核心技术难点。

通过爬虫、采购等多种渠道获取 Web of Science 与 NSTL 数据库来源的专业文献数据及农业领域中与玉米、水稻、大豆等作物相关的文摘数据，对其进行文本降噪、内容去重、结构化属性提取等预处理操作后，统一存储于关系型数据库中，最后设计关键词提取、自动分类、语义检索、语义关联等文本挖掘算法，构建并行计算框架优化模型计算性能，进一步处理潜在语义挖掘算法的高时空复杂度与大规模文档的大数据量之间的矛盾。通过搜索引擎推送到各个下游系统及全文检索系统中进行分析验证，主要得出以下结论。

① 提出了基于潜在语义索引（LSI）的低成本潜在语义挖掘算法的分布式并行计算实现方案，解决了潜在语义挖掘技术不能应用在大规模科技文献数据集进行语义挖掘的问题，为后期开展相关农业类数据集深度语义挖掘提供了有效的基础技术支撑。

② 提出了基于词向量（word2vec）的大规模科技文献语义词向量无监督高效训练的离线执行方案，避免了海量文献数据特征映射的维数灾难问题，解决了传统方式难以捕获不同上下文环境下词与词之间的语义相似性或相关性的问题。

③ 研发了具有百万数量级科技信息文档高效训练处理能力的语义检索系统，能够为持续增长的大规模科技信息语义挖掘的后续研究提供通用型工具，为优化文献服务应用系统的检索效率提供技术样例。

④ 基于潜在狄利克雷分布（LDA）研发了适用于海量科技文献的无监督分布式数据并行主题聚类模型，通过优化LDAcvis架构设计了大规模文档语义可视化模块，不仅极大减少了数据传输和参数通信的开销，而且能够较好地捕获语料中的长尾语义信息，避免了传统主题聚类方式中存在的主题信息丢失问题。

⑤ 通过对比词频和关键词检索的定性与定量分析结果，发现去除噪声词后，相关性检索准确率提高了20个百分点，整体上较传统的关键词检索后固定排序的方法准确率具有显著提升，能够为专业领域科研人员从海量文献数据中快速精准定位领域知识带来实质性的“加成”帮助。

第六章

相关研究讨论

6.1 交叉领域关系讨论

科技信息潜在语义挖掘技术优化项目旨在进行农业科技文献的语义挖掘研究，主要目标是对文本进行挖掘，还需要厘清一些领域关系。概念上，自然语言处理技术对文本挖掘具有重要的技术支撑，但自然语言处理技术与文本挖掘两者之间还存在明显的不同，主要体现在：首先，文本挖掘知识的方法是归纳与推理，而传统的自然语言处理技术多采用演绎推理，很少使用归纳推理方法。其次，文本挖掘的目标是在大规模文本集中发现知识，其更偏重于发现文本中的隐藏关系，而不改变对文本的理解。虽然自然语言处理技术中的两个新兴领域——信息检索（Information Retrieval，IR）和信息提取（Information Extraction，IE）是以大规模文本集为对象，但只要严格进行演绎推理方法，就不是文本挖掘。主要原因是它们没有发现任何新的知识，只是找到了在某种约束条件下的原始文本（表 6-1）。

表6-1　自然语言处理技术与文本挖掘对比

比较	方法	目标	对象范围
自然语言处理技术	演绎推理方法	更好地理解文本	以一篇或少数文本为研究对象，发现表示文本特点的关系
文本挖掘	归纳推理方法	更好地使用文本	以大量文本组成的文本集为研究对象，在文本集中发现文本间或文本集中词与词之间的关系

信息检索与数据库技术共同发展了很久，其中文本信息检索是以非结构或半结构化数据为研究对象，研究大规模数量下文本的信息组织和检索问题。文本信息检索的主要目的是找到与用户检索要求相关的文本。例如，基于关键词的文本检索使用相关性度量方法，计算文本与用户检索关键词的相关性，并将检索结果按相关程度从高到低排列。近年来，基于自然语言处理技术的提升，现代的智能检索技术还可以针对特定的语境从一个多义词的多个可能语义中选择出最合适的一个。例如："联想"究竟指人的行为还是电子产品品牌;"瓜娃子"与"未成年人"到底有什么区别。通过语义分析，概念与主题的分布分析，基于反馈的持续迭代优化等技术，这类检索将检索领域的研究水平推到了新的层次。但是智能信息检索仍然不等同于文本挖掘，只是计划从文本集中更高效地识别和获取相关文档，而在这个过程中并没有发现任何新的知识。

信息提取与文本挖掘也存在着区别，信息提取（IE）是指对文本集中的预定义事件或任务信息进行提取。例如，在新闻网页和网民评论中抽取关于某次车祸事件的信息，可以包括车祸发生的时间、地点、处理方式、警方档案、事故责任认定、现场监控信息、当事人陈述等。其目的在于发现给定文本中的符合预定模式的信息，需要先确定模式，然后提取相应的信息填进该模式。文本挖掘则与之正好相反，需要自动探索出在信息提取任务中给定的模式。

文本挖掘与相关领域也存在着交叉现象。虽然信息抽取和信息提取与文本挖掘存在明显的不同，但它们在一定程度上也存在着相似的地方。最典型的交叉研究就是结合技术和方法为各自领域提供新的思路，如许多文本挖掘系统中采用的预处理方法就是最先在信息检索领域中使用的经典方法。除此之外，基于文本挖掘领域的汉语词性自动标注研究，通过文本挖掘的方法探究词和词性的序列，这种方法借鉴了人类在阅读文章时通过上下文联系判断词性的方式，具有很大的创新意义。有学者同样对中文文本词性标注规则的获取进行了研究[71]。其方法是在大范围统计语料的条件下，利用关联规则发现算法、词性标注规则。当规则有足够大的置信度时，可以用来处理兼类词。该方法完全是自动的，没有一个明确清晰的表达，且又隐匿在众多数据中，不易被用户发现。在信息抽取与文本挖掘的交叉方面，为将文本数据结构化，目前已提出了多种方法，如前面提到的文本特征表示方法。此外，随着信息抽取技术的不断进步[72-73]，它在文本挖掘领域中的作用越来越重要。信息抽取的主要任务是从自然语言文本集中将特殊的非结构化文档转化为结构化文档，以便更容易地理解文本。在一个基于信息抽取的文本挖掘系统框架[74]：Text→{Information Extraction→DB→KDD}→Rule Base中，IE模块的目的是在原始文本中找到特殊数据段，并生成数据库，以便信息发现模块进一步挖掘研究。

文本挖掘技术在Email处理中也有重要作用。由于Email文档和普通文档之间的共性较多，Email文档的信息挖掘技术可以借鉴普通文档中的方法。目前，现有的Email文档的信息挖掘研究有：通过分析Email的语言和作者性别进行计算机取证[75]；将Email信息的结构特征和语言学特征与SVM结合进行作者身份鉴别。文本挖掘技术除了可以组织Email信息，还可以将Email消息划分类别。例如：可以利用朴素贝叶斯算法[76]、Rocchio算法、SVM方法和Bayesian方法[77-78]对Email信息进行分类、过滤。此外，Cohen和Lewis的文献[79-80]则提出两个基于规则的系统，这两个系统都是利用文本挖掘技术对Email信息进行分类。

特征选择与特征权重计算的区别。在文本分类中，文本特征在从文本中提取出来并进行编码得到最终结果的过程中产生了两种重要参数——量化特征重要程度的参数和记录各个文本对于这些特征的相合性的参数。这两种参数容易引发误会，但是它们本质上代表的概念却是完全不同的。可以这样理解特征选择和权重量化：如果只通过一个人的指纹，我们并不能明确识别一个人的身份，因为在这种情况下没有对比的过程，只有在和已有的指纹库的指纹比较之后才能通过基本相同的指纹识别人的身份。

识别指纹所面临的首要问题是人的指纹中有着太多的几何特征，指纹中每一条线都是非标准的曲线，需要很多参数去描述它的形状。而且各个曲线在手指上的位置，或者是相对位置关系同样包含了太多的参数。要想对比这么多的参数，会大大降低程序的效率，而且程序对于所有指纹的鉴别结果都不相同，哪怕这两个图片实际上是由同一台指纹记录仪器采集的同一个手指。这其中就涉及指纹识别所面临的另外一个问题，那就是同一个指纹在不同的图片中也会有不同的形变、角度和残缺。因此，要把指纹识别问题先转换为特征比对问题，并从特征选择的步骤开始，在大样本中把人的指纹都统计一下，统计出哪几个位置能够最好地区分不同的人。那么怎样判断哪个特征更能有效地区分呢？这个时候就需要对已有的所有特征的重要性做出量化并进一步对比甚至排序，之后再通过卡方检验和信息增益等后处理方法得到合适的特征量化值。针对现有的10个特征，它们的重要程度分别是：1、2、3、4、5、6、7、8、9和10，位置分别为25、6、15、25、35、20、4、2、6、2。显然第1、第4、第5个位置更重要，而相对的，第4个位置又比第3个位置更重要。具体识别时，只对那些处于重要位置的进行采样。令人惊讶的是，现在的指纹识别大多只用到指纹的 5 个位置，这些位置就是在特征选择之后的特征集合。如果在上面例子中也选取 5 个特征，那么该特征集合的位置应是 1、3、4、5、6。确定了特征位置，就可以把每个单独的指纹反映到这 5 个维度，再分别把这 5 个维度上的反映量化成一个具体的值，这就是计算特征权重的方法。在文本分类中，最常用的特征值量化方法就是TF-IDF。使用TF-IDF方法计算时，该权重体现在已经选定好的特征方面的具体表现，也就是拿一些已有的特征标准去衡量它对于各个特征的符合程度。在卡方检验法选择特征的过程中也是这样，例如最终选出的系统特征集合只有两个词：（水果、榴梿），这两个词用TF-IDF计算出的向量形式是（1、6）或（2、3），很明显看出这两篇文章有很大的不同。原因在于它们的特征权重不同，所以我们认为权重表示差别，而不能代表特征本身的表现能力，也就是重要程度。

还有一个核心问题是如何构建对于特征提取效果的评估函数。要求评估函数对特征集合中所有特征进行逐个评估，计算出衡量它们表达能力和重要程度的分值，进而估计整个特征提取算法的结果质量。此外，还可以将特征评估函数用于从特征抽取算法中得到的特征集，对其进行进一步筛选，从而再次提高整个特征集的使用效率和平均质量。可以看出，评估函数的设计是影响整个文本特征提取算法模型效果的关键因素。除了研究讨论的相关主题模型算法和深度学习word2vec算法以外，还有必要引用新技术开展算法的深入研究。

（1）互信息

互信息（Mutual Information）表示的是一个特定词和某个类别之间的测度关系，与交叉熵的概念类似，是信息论和计算语言学中的一个概念，可以表示信息之间的关系，并在过滤类任务中衡量主题中各个特征的贡献度。文本数据中如果存在一些词在某个类别中出现的频率远远高于其他类别，那么这个词和它对应的那个频率最高的类别之间的互信息就会很高。该方法对特征词和类别之间的性质没有任何要求，因此适合于文本分类的过程中特征词和类别的配准。

互信息也是两个对象相关程度的度量方法，是一种衡量词语之间，以及词语和主题之间相似性的普适标准。因为摒弃了词语在文本中的重复次数对于词语和主题之间相关性的影响，所以可能使互信息的评估函数选择低频词作为文本的最优特征。与之相适应的是，互信息考虑的因素主要是词语之间的共同出现次数。也就是说，不管一个词在一个文章中出现了几次，在互信息公式的计算过程中所产生的作用都和只出现一次的作用是相同的。但是，也正是因为它的这个特点，使得其计算结果太容易受到边缘概率的负面影响。因此在很多的实际分类任务中，采用了互信息的方法通常效果最差。在使用互信息进行特征提取时，提高分类效果的方法有：①增加提取到特征集的集合大小，从而在不改变现有方法的前提下，通过特征量的增加来表达更多的信息。当然这种方法其实是比较笨拙的。②适当地在公式中增加对低频词的重视程度，因为我们通常认为这些词有较为强烈的类别信息。

（2）期望交叉熵

交叉熵，也称KL距离。在信息论中，两个概率分布p 和 q之间的交叉熵指标衡量了在同样的基本事件集中，将一个事件的预估概率分布p和实际概率分布q区别开来的平均编码位数。而期望交叉熵（Expected Cross Entropy），则是指一个文章或主题中各个词的交叉熵的期望值。

（3）二次信息熵（QEMI）

在互信息公式中使用二次信息熵而不是香农熵。基于二次信息熵的互信息评估函数将互信息确定为固定的量，因此可以对信息进行整体评测，另外它的复杂度小于互信息最大化的计算，用在基于分类的特征选取上可以取得更好的效果。

（4）信息增益方法

信息增益方法（Information Gain）是信息论中的一个经典的重要概念，在过滤问题中用于评估已知特征是否出现于某类别相关文本中，并预测该主题提供的信息量的大小。信息增益值定义为该特征项在文本中出现前后的信息熵之差。一个特征的信息增益值越大，对分类任务就能起到越大的作用。它不仅能从一个词在某些文章中出现频率极高的情况中捕捉到信息，还能感知一个词在某些文章中出现的概率极低，从而捕获到其他算法无法捕获的信息。基于信息增益方法的计算流程是这样的：在训练数据集中计算出训练集词典中每个词的信息增益值，然后将这些值筛选后进行排序。使用该方法的主要问题是，如果无法衡量在测试集上的增益值，就不能在出现词和未出现词的影响之间取得均衡，并且常常出现未出现词的影响过大的情况。而且这样的平衡不是通过一般的调参手段就能解决的，因为在测试集的文章中，一篇文章中出现的所有词组成的集合所占信息增益词典的比例是不确定的，在不同文章中该比例会有很大的波动，导致出现词和未出现词的影响的比例也会产生不可避免的波动。当在波动中的未出现词的影响过大时，会严重影响算法的分类效果，而没有简单的方法能够将这种情况彻底避免。

（5）X2 统计量方法

X2 统计量的计算涉及两次复杂度，与互信息类似，但是不同于互信息的原因在于它是归一化后统计值，X2 是规格化评价，但是它对出现次数较低特征的区分效果也依旧不够好。X2 统计的特征抽取方法也是基于分析词语在主题中的分布，该方法中，X2 统计量在特征和主题之间完全独立的时候取零。这种算法的优点是准确率极高，并且算法表现稳定可靠。该方法能够识别出两个类别的交集，也就是能够将一个文章所属的两个正确类别都找出来。

（6）遗传算法

文本中，特征向量的选择本质上也属于优化过程，它的优化搜索空间是所有文章的特征向量组合的所有可能取值，因此现代优化算法在文本特征挖掘领域也发挥着重要作用。遗传算法（Genetic Algorithm，GA）是一种有普适性的优化搜索方法，利用它进行特征优化的过程如下：首先以文本向量作为染色体进行遗传编码，然后进入繁殖步骤，在这一步骤中会对染色体随机进行交叉、变异等遗传操作。最后是筛选步骤，通过特定的特征向量评价函数，评估出已有的各个染色体所代表的特征组的质量水平，将繁殖资源向有着更高质量的染色体倾斜，从而完成筛选操作。不断地重复繁殖和筛选步骤，染色体池中的染色体的整体质量就会不断提升，我们就可以在某个时刻选取理想的染色体，并采用它所代表的特征向量组。遗传算法的核心思想是协同演化。而在文本特征优化的任务中使用遗传算法，可使每个文本的特征向量达到理想值，该算法不仅需要对文本数据有较强的表达能力，还需要从同期的其他染色体所代表的特征向量中获得有益促进。在这种环境中筛选出的特征向量，不仅考虑到了如何表达本类别的特征，而且对训练数据的整体环境有所感知，能够学习到全局的知识从而更好地完成对于本类型文本的概括作用。

（7）主成分分析法

通过在原特征数据空间的正交向量集选取一个最佳集合，在缩小特征空间的同时尽可能少地遗失信息，从而获得一个更小但是表达能力和原先接近的特征集。主成分分析法（Principal Component Analysis，PCA）有优化方法和计算方法两种主要类型：在计算类方法中，所有的数据通过方差—协方差的结构表示，其中的矩阵对应协方差矩阵的特征向量，并且对应原始数据中的主要部分。因为大部分PCA算法的算法复杂度是平方级别的，不能很好地满足实际的使用需求，所以学者们又开发了速度更快的神经网络PCA算法。

（8）模拟退火算法

前面提到了可以将优化理论中的经典方法应用于特征选取任务，而模拟退火算法（Simulating Anneal，SA）就是优化领域的又一个经典且稳定的方法。将SA算法应用于特征选取任务是完全可行的，但是也需要考虑解的优化效果和算法的计算速度之间的平衡。

（9）N-gram算法

N-gram算法的基本思想是将文本由所有从它里面截取的长度为N的词语序列来共同表示。每个句子切片称为一个gram，将所有gram组成字典的键，而字典的值则是对应片段的出现频数（频数过低的gram不会被选入字典），该字典变形后即为该文本的特征向量空间，以及每个文档在该特征向量空间中的表示。因为对中文文本使用N-gram方法进行特征提取的过程不需要分词，所以提升了中文文本处理的便捷性。中文文本分解时大部分情况下将文本片段的长度规定在两个汉字（bi-gram），但是这种方法在处理含有多字词的语句时，往往语序错乱，从而对后续的分析步骤造成消极影响。而在一些以多字词为核心的专业领域，这种方式会产生较大的错误。为了改进bi-gram 中文特征提取方法的这种缺陷[2]，在进行双字节切分时，可以不仅计算gram的出现次数，而且还包括该gram与前邻gram的情况，并将其标记在关联矩阵中。对于那些多次出现的gram对，可以将其合并成为多字特征词，从而防止切分后的语序错乱。

上述几种评价函数都试图通过统计概率找出特征词与主题类别之间的相关性。信息增益方法由于算法过于庞大，因此尚无法进入实际应用阶段。而互信息方法的效果要好于交叉熵，这是因为交叉熵被设计为只提取一个主题的特征，因此在多主题的特征抽取任务中，不仅效率较低，而且无法考虑到各个主题之间的相互关系对特征抽取的影响。这些方法在应用到中文文本特征抽取任务时效果还会大打折扣，主要是因为：① 特征抽取时需要计算的内容过多，但是效率太低，因而直接使整个文本分类系统的效率偏低。② 最终选择的特征的效果并不理想，表达能力不强。如果过分扩大特征的数量，又会使得特征向量在后续步骤中变得难以处理，因此该方法存在着根本性的缺陷。

评估函数的构造相对而言并不复杂，但又应用广泛，因此在实际应用中极受欢迎。在网络文本挖掘的研究中使用评估函数改进算法模型，大大提升了特征选择的效果，但是评估函数的应用也并不是没有任何障碍。例如，信息增益方法考虑了从特征出现过低的情况中寻找信息，但是无法很好地处理出现词语与未出现词语的影响和平衡，从而在某些特定情况下表现极差。期望交叉熵方法则没有这种问题。而互信息因为没有考虑特征词出现的次数，所以在抽取过程中偏向于选择低频词。“文本证据权”是最近业界提出的一种新型评估函数，但是其实际效果还有待进一步实验验证。“优势率”不像前面涉及的评估函数认为所有类别同等重要，它着重强调某种目标类别，所以适合用于二元分类这种旨在识别正类而不在意负类。

评估函数从类别间相关性上可以分为相关和不相关两类。“文档频数”方法是一种典型的类间无关评估，它依据一个文档各个在主题类中特征词出现次数的比例对特征进行评估。为了发现篇章覆盖率较高的某些有意义的特征词，避免在各种文本中都高频率出现无用特征，因此在对选取的特征进行评估之前，需要准备好一个高质量的停用词表，从而在评估过程中将前面提到的高频无用词剔除出去。为了不影响对特征的选择判断，停用词表中的词既不能过多也不能过少。除此之外，这种类间无关评估函数还有一个不可避免的问题，就是无法十分准确地区分在特征词集合上存在交集的两个类别。而期望交叉熵、文本证据权、互信息等评估函数，都是类间相关的。所以对于这些方法，可以通过改变特征间的比重，选择更有表达能力的特征，从而提高对于相近类别的区分能力。但是，这种方式只能在已经定义的类别中有较好的提升作用，而对于尚未定义的类别，其评估效果并不明显。所以，提高类间相关的评估函数对未定义类别文本的区分效果是非常重要的研究方向。

大多评估函数是基于特征权重的统计概率进行计算的，其中一个重要问题是需要用包含大量语料的训练集才可以较为准确地获得在分类中有效的特征词。不仅构建这样的训练集十分困难，并且需要大量的时间和空间成本。然而，在实际应用中，考虑到研究过程的工作效率，很难构建一个符合要求的训练集，在样本比较小的情况下，最后选择出的特征可能会有较大的误差。除此之外，我们认为评估函数进行特征提取时的特征是相互独立的，但是这种独立性在实际中难以保证，因此仍需研究特征相关时的特征提取方法。

6.2 研究应用前景探讨

研究形成的语义挖掘分布式计算可在农业、工业及信息挖掘传播等领域开展更为深入的应用，以互联网广告场景为例开展相关探讨与阐述。

互联网的广告推广商其实往往有些共性的问题，大部分广告商都无法正确识别他们的目标人群，即推广商精准投递广告的目标。这个困惑就导致了互联网广告商需要确定目标人群的需求。对于一般的推广商来说，比如一个养老保健品广告的目标人群明显是老年人群体。特征词可以确定为“老年”和“病弱”，这是确定目标人群的关键词。对于网络媒体来说，广告推广商是它们的客户，广告的效果越好，推广商就能从客户那里获得更多的利润。

可帮助网络媒体解决如何获得足够多的训练样本问题。媒体的能力其实是非常有限的，以每天有200万人浏览的网站为例，网站的员工不可能去亲自访问他们的每一个用户，去探究每位用户对某种商品或者服务的偏爱程度。那么媒体只能采用估计的方法，即使在这种情况下准确预测用户需求的概率依旧很小，因为即使估计也需要很大的计算量。利用语义挖掘技术，基于用户注册信息，如年龄性别之类的个人信息，或者兴趣标签，就能够获得很多有效的参考信息。

可支持广告商勾勒用户画像以供推广者为其应用遴选受众。以化妆品投放广告为应用场景，投放的广告主要针对年轻女性，媒体此时可以为广告商提供年龄区间和地域要求，广告推广商选定推广人群条件之后，整个广告业务就可以顺利进行，实现精准投放。

此外，在实际商业场景中，兴趣挖掘也是非常重要的部分。与广告推广商最相关的事情就是目标人群的确定。确定目标人群的过程包括，媒体提供一些可选项目，如年龄、性别、地域等，然后广告推广商输入目标人群进行网页查找，最后支持下单投放广告。

对于目标人群的划分还有粗划分和细划分的区别。对于用户的细划分，特别是兴趣方面的划分，是很难实现的。但是在这种需求的驱使下，产生了一个新的研究领域：数据挖掘（机器学习）。而互联网广告行业数据挖掘工程师的工作就是：根据用户提供的基本信息及用户在上网时浏览过的记录，分析出每个用户的兴趣偏好。完成这些步骤就可以作为网页定向条件供广告推广商进行选择了。

广告商在推广时，目标人群的定位是很重要的。经过研究，word2vec算法可以帮助我们在一定程度上解决这种问题，以下就详细说明该算法在定位目标人群上的作用。为了使用word2vec，我们现在考虑一个新的场景，如在互联网S公司的多个页面中，有一个电商公司B的推广商页，介绍了B公司一些产品促销和发布会等信息。对a公司提供的浏览数据进行处理，整合成word2vec能处理的数据。

（用户c浏览了公司S的页面s1,s2,s3……）

c1 s1，s2，s3，……

c2 s2，s3，s5，……

c3 s1，s3，s6，……

其中c1 s1，s2，s3 表示用户c1 先浏览了页面s1，再浏览s2，然后浏览了s3。

但是这些数据依旧不符合word2vec的标准输入数据格式，然后我们删掉用户列，如下：

s1，s2，s3，……

s2，s3，s5，……

s1，s3，s6，……

这些数据就可以作为输入数据了。

把这些数据作为word2vec的维度为3 的训练数据，训练完成后得到这样的结果：

s1 (0.3，–0.5，0.1)

s2 (0.1，0.4，0.2)

s3 (–0.3，0.7，0.8)

……

sn (0.7，–0.1，0.3)

这就得到了每个页面的向量。用这些向量可以计算出这些页面之间的距离，如页面s1 和s2 的差异可以用欧式距离或者余弦相似度公式来计算，这个距离表示用户浏览的两个页面是否相似，相似程度如何。这两个页面的距离越近，被同一个人浏览的概率也就越大。对于计算出的结果来说，其值的大小没有研究意义，我们需要比较结果的大小。举例来说，假设页面s1 跟s2、s3、s4 的距离分别是 0.2、0.6、0.7，0.2、0.6、0.7 的值的大小我们并不考虑，但是页面s2 与s1 的相似程度比s3 和s4 要大。

根据我们给定的 3 个数，明显可以认为同一个用户c浏览a1 的同时，浏览a2 的概率也比较大，那么如果一个用户经常浏览a2，那么他浏览a1 的概率也是比较大的。同时还可以得到一个推论，就是用户可能会喜欢a1 这个页面对应的广告推广商的广告。这个在实验中实际上也曾出现过。比如一个实际的例子，a1 是匹克体育用品公司在媒体公司A上的官网，a2 是湖人队比赛数据页，a3 是热火队的灌水讨论区，a4 是小牛队的球员讨论区。这个结果看起来是相当令人满意的。

根据这个结果，就可以在广告推广商下单的那个页面增加一个条件——经常浏览的相似页面推荐，功能就是——在广告推广商进行选择的时候，可以选择那些经常浏览跟自己主页相似的页面的用户。举个例子就是，当匹克体育用品公司下单的时候，页面给它推荐了几个经常浏览页面的粉丝：湖人队比赛数据页、热火队的灌水讨论区、小牛队的球员讨论区。意思是说，目标人群包括了经常浏览这 3 个页面的人。这个功能上线后获得很多广告推广商的好评。

另外一个案例就是对CTR预估模型的帮助。在实际操作的时候，这个研究同样困难重重，其中最大的问题是冷启动。新上线的广告之前没有任何的历史投放数据，这样的广告由于数据不足，点击率模型经常不怎么奏效。但是针对这个问题可以使用同类型广告点击率来缓解，也就是拿一个同行的广告的各种特征作为这个广告的特征，对这个新广告的点击率进行预估。更好的方法是，利用跟这个广告比较相似的广告的点击率来预估一下这个广告的点击率。上面说过，可以得到每个页面的词向量。这里的方法比较简单，如在媒体公司A上面有 1000 个广告推广商，它们的主页分别是a1、a2、…、a1000。根据上面的方法，得到了这 1000 个词向量，然后运行k-mean或者其他聚类算法，把这 1000 个广告推广商聚成 100 个簇，然后每个簇里面的广告推广商看成一个。这里可以模拟一个例子，聚类完成后，某个簇c里面包含了几个广告推广商的主页，分别是京东商城、天猫、唯品会、当当、聚美优品、1 号店、蘑菇街、卓越、亚马逊、淘宝这 10 个，这 10 个的目标人群看起来基本是一致的。这里的看成一个簇是有意义的，比如说第一个簇c1，c1 这个簇里面的所有历史投放数据和实时数据可以做特征，来预估这个流量对这个簇的CTR。得到这个CTR后，就很有用了，如果某广告的投放数据比较充分，就直接预估这个广告的CTR；如果某广告的历史投放数据很少，就用这个广告推广商所在的簇的CTR来代替这个广告，认为对簇的CTR就是这个广告的CTR，这样能让一个新广告也能得到相对靠谱的预估CTR，保证不至于乱投一番。

数据挖掘算法工程师经常要面对的一个难题就是如何将一个算法实际用到数据上。数据工程中的真实情况是算法工程师面对杂乱无章的数据，想办法如何把数据整合成能用的格式。

以上述应用案例为基础，每个样本为一行的方式把数据组合成a1、a2、a3 的形式，然后进入word2vec进行训练，这个步骤在整个工程中是最复杂的部分，并且是最核心的内容，这也验证了word2vec算法精巧和高明之处，其核心是：把数据整合成适当的方式交给word2vec进行训练。数据的整合其实也颇费功夫，如有些用户是一些机器的账号，应该在输入模型之前排除掉，排除这些账号需要很大的工作量。此外，训练结果出来后，如何解释这个结果也是很重要的问题，实验比较侧重利用词向量的距离来评价相似性指标达到效果，使用word2vec算法也是更常规的方法。

数据挖掘的过程其实并不简单。数据挖掘算法工程师经常要面对的另一个难题就是明明理论上是可行的，算法性能也是可行的，但是互联网广告的效果怎么都无法满意。这个问题的确无法找到统一的答案，这种情况很多。如数据本身处理的方式有误和算法不合适是最常见的原因之一。之后又加入每个广告推广商的行业和地域作为特征，而且这个特征，就是直接把行业和地域处理一下，连接到广告推广商的词向量后面。经过这样的处理，再用kmeans进行聚类，从聚类后生成的簇来看，结果有了明显改善。行业和地域特征的加入，也是在对问题的深入理解和实际经验的积累上而产生的思路。对聚类的结果产生的簇需要一个个去查看，以更好地解释模型结果，其工作量也相当大。

以上阐述了互联网推荐系统的数据挖掘算法中，工程师面临的一些工作中的具体情况，笔者想通过这两个例子来说明文本挖掘技术在提升企业的运营质量方面能够发挥很大作用，类似的个性化推荐引擎在帮助企业用户提升点击率、留存率及关键指标上都有明显的效果。值得注意的是，学术界对目前工业界的理论研究做了很大的贡献，反过来工业界对学术界的推动影响也至关重要。

6.3 word2vec的优化方向

利用word2vec等模型对词向量进行平均处理，目前仍然不能捕获在词语的排序中所蕴含的语义信息。有序的词语序列和无序的词语集合的表达能力和表现方法都有很大差别，为了实现基于word2vec方法从单词的排序方式中获得更多的语义信息，Quoc Le和Tomas Mikolov提出了Doc2vec方法[81]。

Doc2vec除了增加一个段落向量以外，几乎等同于word2vec。和word2vec一样，该模型也存在两种方法：分布式记忆模型（Distributed Memory，DM）和分布式词袋模型（Distributed Bag of Words，DBOW）。分布式记忆模型通过训练模型从给定的临近段落向量和词向量中预测中间位置的单词，并给出所有可能的结果的概率。在一个句子或者文档的训练过程中，段落id保持不变，共享着同一个段落向量。分布式词袋模型则在仅给定段落向量的情况下预测段落中一组随机单词的概率。

在词袋模型方面，相比于word2vec，Doc2vec不同之处有以下几个方面。

① 首先，训练过程中新增了段落id，即训练语料中每个句子都有一个唯一的id。段落id和普通的词汇一样，也是先映射成一个向量，即段落向量。段落向量与词向量的一级数组长度相同，但是来自于两个不同的向量空间。在之后的计算里，段落向量和词向量通过累加或者连接的方式组合起来，输入到后续的深度学习神经网络中。在一个句子或者文档的训练过程中，段落 id保持不变，共享着同一个段落向量，相当于每次在预测单词的概率时，都利用了整个句子的语义。

② 预测过程中在参数方面，保持词向量和输出层的参数不变，重新对要预测的句子进行训练。待收敛后，即可以从向量层中取得待预测句子的段落向量。

Doc2vec实现的CBOW模型如图 6-1 所示。

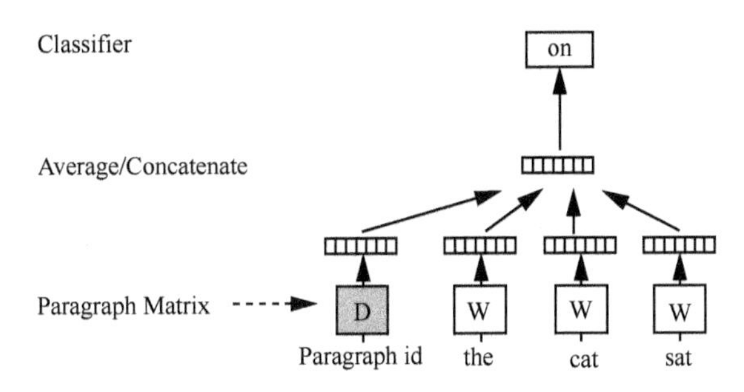

图 6-1 Doc2vec 的 CBOW 模型应用于预测

在Skip-gram模型方面，相比于word2vec，Doc2vec方法做出了如下改进。在Doc2vec里，输入的都是段落向量，输出的是该段落中随机抽样的词。Doc2vec实现的Skip-gram模型如图 6-2 所示。

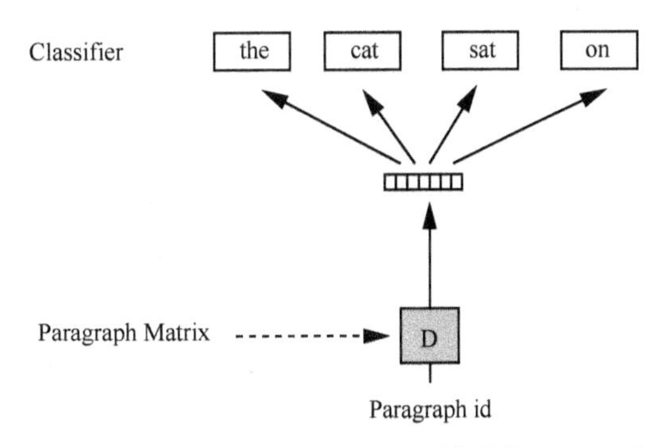

图 6-2 Doc2vec 的 Skip-gram 模型应用于预测

上述论述的是对长序列进行向量表示及优化，反过来也可以考虑将Wordvec的方法作用于原先词语的子序列层面，这种方法又叫子词级嵌入。其使用子词信息增强的词嵌入已经在很多任务上得到了应用，如依存句法分析[84-85]、命名实体识别[82]、词性标注[83]和语言建模[86]。这些模型大多数都使用了一个CNN或BiLSTM，考虑到了更深层次的神经网络，它们以比词更小的语言单位——字符作为文本的特征，加入到整个模型的最原始输入中。在具体的组织字符数据组成特征的方法上，N-gram方法表现得比其他字符组织函数更加有效[87-88]。这样的结果很容易理解，因为N-gram方法得到的结果中基本包含了所有的可用的序列片段。字符N-gram在文本分类任务中作为特征进行处理的方法始于[89] Facebook的fastText 分类器[90]。研究人员综合研究fastText学习到的支持上百种语言的嵌入层的特征，发现基于“字节对编码”的子词级嵌入表示在机器翻译任务中极其有用[91]，甚至比词嵌入本身更好用。它们也能用于实体输入（Entity Typing）等带有很多未知词的任务，但它们在标准的自然语言处理任务上还没表现得很有助益[92]。在标准自然语言处理任务中，这并不是一个主要问题。尽管它的学习很容易，但在大多数任务上，相比原先的词嵌入方法仍旧没有表现出更强的可用性[93]。使用带有字符信息的子词级嵌入的另一个选择是使用在某个大型领域的语料库上训练的当前最佳的语言模型[94]。比如1 Billion Word Benchmark 就是Google维护的一个大型语料库。语言建模可以用作不同任务的中间目标[95]，而近期有学者发现预训练的语言模型嵌入也可用于增强子词级嵌入方法。

鉴于近几年计算机存储与计算机硬件水平和研究方法的不断进步，子词级嵌入的效果不断提高，甚至在文本特征表达上比肩word2vec方法并隐隐有超越之势。尽管没有必要把各个词的所有可能语义都在嵌入表示中单独列出，但只使用一个含义向量无疑会让我们丢失可能对下游任务有用的微妙信息差异。因此，如何选取一个词语的多个语义，并让它们共同在词嵌入层发挥作用是很有意义的研究课题。Vilnis和 McCallum[96]提出将每个词都建模为一个概率分布，而不是一个孤立的向量空间中的点，这让我们可以在概率上表示多个语义在上下文中的强弱。Athiwaratkun和Wilson[97]将这种方法扩展成了一种多模态分布（Multimodal Distribution），从而使得模型性能获得了进一步的提升，并且兼具很好的理论研究意义。除了修改表征，也可以修改嵌入空间来更好地表征特定的特征。比如 Nickel 和 Kiela[98]通过将词嵌入一个双曲空间中来学习分层表征。从这里可以看到，寻找更易用、更强大的创新性词嵌入方法是一个引人注目的研究方向。

从将词嵌入应用在各种自然语言处理任务和实际的业界应用场景到对它们有更深入的原理性理解从而对它们进行进一步的改进，该领域的探索正在不断进步，在整个文本处理领域的影响也越来越大。

6.4 文献领域语义挖掘多样化挑战

研究对农业方面的英文文献语料库进行了相关的语义挖掘研究与应用，在中文汉语方面挑战性更大，在分词方面依然还有提升的空间。文本挖掘还存在 3 个方面的挑战。

挑战一：多样化的句式结构的解析

搜索引擎经常遇到意思一样，但是文字表达方式不一样的情况。在这种情况下，我们常见的处理方法叫作语义的规一划，这也是处理搜索引擎词时经常遇到的问题。它的字一样但是顺序不一样。中文对于同一个意义常常会有非常多的表达，比如:“你吃饭了吗?”“饭你吃了吗”“吃饭了吗你”“吃了吗”。常见的做法是通过规则分析或者深度学习等自适应方法，生成句法依存树并进行变形，从而获得一个语义的标准化表示。

“华为是市场驱动的商业公司”这句话里面的“华为”是一个主语，还是一个宾语，我们只有在大脑中分析语义之后才可以理解这句话的意思。我们语言神经系统经过几千年的进化才达到了目前对于语言的运用水平，但计算机只能从头开始，一步步地重新对文本进行语义分析，才可以像我们一样准确地理解文本数据。

挑战二：字词关系的处理

对于汉语来说，表达一个基本概念就是一个词。但是最开始的时候计算机没有存储词语之间的意义，甚至连它们之间的简单的相关关系都无法理解。所以需要用算法把近义词、反义词这些词语之间的相互关系给挖掘和表示出来。比如“欧洲联盟”是一个大词，它有很多词构成。欧盟跟它的意思接近，英格兰的意思也接近，甚至有时候一个单字叫“欧”，比如说欧债危机，这个“欧”的单字在这个语境里面表达的意思就是欧洲联盟。那么计算机如何判断“欧”是表达欧洲联盟，还是作为一种互联网习语像“欧气满满”那样表达运气好的意思?

存在局部转义问题。比如西瓜霜含片是一种常见的非处方药物的名称，但是其中的西瓜的本意却是一种水果，那么如何解释和描述为什么西瓜霜含片就成了一种药物呢？还有足球、篮球、羽毛球这些词语，需要判断它们什么时候是同义词，什么时候需要注意它们的差别。中文上下文有很多歧义的地方。“东西”这个词就有很多的意思。我们可以说一条路是东西方向的，也可以用来广泛地概括一些生活用品，还可以用它来骂一个人“不是东西”。语言中复杂的歧义现象，是计算机技术理解文本数据的难点之一。

挑战三：歧义语义的理解

“烧着了女孩的蜡烛”，这句话有两种解释。一种是主语被省略了，主语可能是一个仆人、一个家长，他烧着了女孩的蜡烛，这时蜡烛是宾语；另一种是蜡烛是主语，烧着了女孩是修饰词，当然这句话背后就会是一个悲惨的故事。这两种语义的解析都是合理的，只有看到更多的相关信息我们才能确认究竟是哪种情况。再比如说，“揉肩的是他的孩子”这句话单独拎出来也会有两种解释，一种是他的孩子是按摩员，正在为客人揉肩按摩；另一种是他的孩子在自己给自己揉肩。中文中的动词没有主动时态和被动时态，所以比英语更模糊一些。还有“五个学校的厨师”中，五个厨师究竟是来自同一个学校，还是分别来自五个不同的学校？这是无法确定的，这句话的歧义来自修饰词修饰的对象无法确定。这些多种多样而又广泛存在的歧义问题，需要算法上的研究和努力才能逐渐克服。

为了应对以上存在的挑战，我们下一个目标解决方案就在于如何将深度学习更好地应用到文本语义挖掘中来。其中，需要掌握的要点在于以下几个方面。

第一，根据不同的语言场景选择相关的算法模型。

计算机在处理合同时，应该依照合同本身的语法结构，自动判断合同中的要素，在做具体的专家文本判别时，我们需要建立具体的行业文本知识库，这些都有文本派别和语言模型。评论分析是目前很多企业应用的领域。很多企业每天会收到网上用户留下的成千上万条评论意见，甚至其中有一些是竞争对手的情报信息和评论信息。比如手机行业分析用户评论意见时，通常评论有大量的省略和简称，小米手机第六代通常说米 6，计算机没有专业领域知识很难像人一样解读这句话。还有一个问题是口语和书面语的处理方式不同，书面语常写在内部文件中，但是通常弹幕、网络评论都是口语表达，如杯具、稀饭都不是吃的东西。

第二，通过不断地改进算法模型，让整个系统获得持续的学习能力，确保系统性能稳步提升。

使用深度学习等自适应算法模型的好处是可以持续改进，每次改进都能在上次成果的基础上去伪存真。而以往很多应用中不乏使用规则式计算方法的，采用该方法的弊端非常容易暴露出来，所以在现代化的文本处理任务中已经被普遍弃用。通过机器学习及用算法提升系统的能力来提升挖掘的效果，是计算机处理模块时很重要的考虑部分。

参考文献

[1] HEARST M A. Text tiling: segmenting text into multi-paragraph subtopic passages[J]. Computational linguistics，1997，23(1): 33-64.

[2] FELDMAN R，DAGAN I. Knowledge discovery in Textual Databases (KDT)[C]// Knowledge discovery and data mining. [S.l.:s.n.]，1995: 112-117.

[3] FAYYAD U M. Data mining and knowledge discovery in databases: applications in astronomy and planetary science[C]. [S.l.:s.n.]，1996: 1590-1592.

[4] SIMOUDIS E，HAN J，FAYYAD U. Proceedings of the second international conference on knowledge discovery and data mining[C].[S.l.]: AAAI Press，1996.

[5] FOX C J. A stop list for general text[J]. International acmsigir conference on research and development in information retrieval，1989，24(1-2): 19-21.

[6] PORTER M F. An algorithm for suffix stripping[J]. Program，1980，14(3):130-137.

[7] BRANK J，MLADENIC D，GROBELNIK M，et al. Feature selection for the classification of large document collections[J]. J. UCS，2008，14(10): 1562-1596.

[8] DAVID D L. Representation and learning in information retrieval[D]. Amherst：University of Massachusetts，1992.

[9] LIU H，SETIONO R.A probabilistic approach to feature selection-a filter solution[C]. [S.l.:s.n.]，1996.

[10] YANG Y，PEDERSEN J O. A comparative study on feature selection in text categorization[C]. [S.l.:s.n.]，1997.

[11] 周茜，赵明生，扈旻. 中文文本分类中的特征选择研究[J]. 中文信息学报，2004，18(3): 18-24.

[12] 李国臣. 文本分类中基于对数似然比测试的特征词选择方法[J]. 中文信息学报，

1999，13(4): 17-22.

[13] FELDMAN R，HIRSH H. Mining associations in text in the presence of background knowledge[C]. [S.l.:s.n.]，1996.

[14] FELDMAN R，HIRSH H. Exploiting background information in knowledge discovery from text[J]. Journal of intelligent information systems，1997，9(1): 83-97.

[15] YANG M，LEE E. Segmentation of measured point data using a parametric quadric surface approximation[J]. Computer-aided design，1999，31(7): 449-457.

[16] IWAYAMA M，TOKUNAGA T. Cluster-based text categorization: a comparison of category search strategies[C]//Proceedings of the 18th annual international ACM SIGIR conference on research and development in information retrieval. [S.l.:s.n.]，1995: 273-280.

[17] YANG Y. An evaluation of statistical approaches to text categorization[J]. Information retrieval，1999，1(1): 69-90.

[18] YANG Y，LIU X. A re-examination of text categorization methods[C]//Proceedings of the 22nd annual international ACM SIGIR conference on research and development in information retrieval. [S.l.:s.n.]，1999: 42-49.

[19] JOACHIMS T . Making large-scale svm learning practical[J]. Technical reports，1998，8(3):499-526.

[20] LEWIS D D，RINGUETTE M. A comparison of two learning algorithms for text categorization[C]//Third annual symposium on document analysis and information retrieval.[S.l.:s.n.]，1994，33: 81-93.

[21] LEWIS D D. Naive (Bayes) at forty: The independence assumption in information retrieval[C]// European Conference on Machine Learning. Berlin: [s.n.]，1998:4-15.

[22] SAHAMI M，HEARST M，SAUND E . Applying the multiple cause mixture model to text categorization[EB/OL].[2021-09-02].https://www.researchgate.net/publication/ 2259763_Applying_the_Multiple_Cause_Mixture_Model_to_Text_Categorization.

[23] MA B L W H Y，LIU B. Integrating classification and association rule mining[C]// Proceedings of the fourth international conference on knowledge discovery and data mining. [S.l.:s.n.]，1998.

[24] DONG G，ZHANG X，WONG L，et al. CAEP: classification by aggregating emerging patterns[C]//Discovery Science. Heidelberg: [s.n.]，1999: 737.

[25] LI J，RAMAMOHANARAO K，DONG G. The space of jumping emerging patterns and its incremental maintenance algorithms[C]//ICML. [S.l.:s.n.]，2000: 551-558.

[26] LI J，DONG G，RAMAMOHANARAO K. Instance-based classification by emerging patterns[C]//European conference on principles of data mining and knowledge discovery. Heidelberg：[s.n.]，2000: 191-200.

[27] LI W，HAN J，PEI J. CMAR: Accurate and efficient classification based on multiple class-association rules[C]//Data Mining，[S.l.:s.n.]，2001: 369-376.

[28] ANTONIE M L，ZAIANE O R. Text document categorization by term association[C]//Data Mining，[S.l.:s.n.]，2002: 19-26.

[29] 李渝勤，孙丽华. 基于规则的自动分类在文本分类中的应用[J]. 中文信息学报，2004，18(4): 10-15.

[30] 陈莲娜，姚伏天. 用于文本分类的多核 SVM 算法研究[J]. 计算机工程，2007，33(9): 196-198.

[31] 邹涛，王继成，黄源，等. 中文文档自动分类系统的设计与实现[J]. 中文信息学报，1999，13(3): 27-33.

[32] MCCALLUM A，NIGAM K. A comparison of event models for naive bayes text classification[C]//AAAI-98 workshop on learning for text categorization. [S.l.:s.n.]，1998.

[33] KIM K S，HAN I. The cluster-indexing method for case-based reasoning using self-organizing maps and learning vector quantization for bond rating cases[J]. Expert systems with applications，2001，21(3): 147-156.

[34] RICARDO B Y. Modern information retrieval[M]. Boston: Addison-Wesley Professional，1999.

[35] CUTTING D，KUPIEC J，PEDERSEN J，et al. A practical part-of-speech tagger[C]//Association for Computational Linguistics .Proceedings of the third conference on applied natural language processing. [S.l.:s.n.]，1992: 133-140.

[36] ZAMIR O，ETZIONI O，MADANI O，et al. Fast and intuitive clustering of web documents[C]. [S.l.:s.n.]，1997，97: 287-290.

[37] KOLLER D，SAHAMI M. Hierarchically classifying documents using very few words[R]. [S.l.:s.n.]，1997.

[38] AGGARWAL M M. Elliptic Emission of K+ and p+ in 158，A.GeVPb+PbCollisions[J]. Baéticaestudios de arte geografía e historia，1999，9(1):405-416.

[39] PAPADIMITRIOU C H，RAGHAVAN P，TAMAKI H，et al. Latent semantic indexing: a probabilistic analysis[J]. Journal of computer and system sciences，2000，61(2): 217-235.

[40] DEERWESTER S，DUMAIS S T，FURNAS G W，et al. Indexing by latent semantic analysis[J]. Journal of the American society for information science，1990，41(6): 391-407.

[41] HOFMANN T. Probabilistic latent semantic indexing[C]//Proceedings of the 22nd annual international ACM SIGIR conference on Research and development in information retrieval. [S.l.:s.n.]，1999: 50-57.

[42] BLEI D M，NG A Y，JORDAN M I. Latent dirichletallocation[J]. Journal of machine learning research，2003，3(1): 993-1022.

[43] FINETTI B D . Theory of probability: a critical introductory treatment[J]. Journal of the royal statal society，1974，138(1): 953-959.

[44] FERGUSON T S. A Bayesian analysis of some nonparametric problems[J]. The annals of statistics，1973: 209-230.

[45] BLEI D，LAFFERTY J. Correlated topic models[J]. Advances in neural information processing systems，2006，18: 147.

[46] BLEI D，LAFFERTY J D. Dynamic topic models[C]. Proceedings of the 23rd International Conference on Machine Learning. Pennsylvania：[s.n.]，2006: 113-120.

[47] MCAULIFFE J，BLEI D. Supervised topic models[J]. Advances in neural information processing systems，2007，20：121–128.

[48] GERRISH S，BLEI D M. A language-based approach to measuring scholarly impact[C]//ICML. [S.l.:s.n.]，2010.

[49] MARKOFF J. How many computer do we need to identify a cat? [N].The New York Time，2012-06-25.

[50] LECUN Y，BENGIO Y，HINTON G. Deep learning[J]. Nature，2015，521(7553): 436-444.

[51] BENGIO Y，DELALLEAU O. On the expressive power of deep architectures[C]// International conference on algorithmic learning theory. Heidelberg：[s.n.]，2011: 18-36.

[52] JURGENS D，PILEHVAR M T，NAVIGLI R. SemEval-2014 task 3: cross-level semantic similarity[C]. [S.l.:s.n.]，2014: 17-26.

[53] EYECIOGLU A，KELLER B. ASOBEK: Twitter Paraphrase Identification with Simple Overlap Features and SVMs [C]//In Proceedings of 9th International Workshop on Semantic Evaluation (SemEval). [S.l.:s.n.]，2015.

[54] SANBORN A，SKRYZALIN J. Deep learning for semantic similarity[C]. USA: Stanford University，2015.

[55] GOLLER C，KUCHLER A. Learning task-dependent distributed representations by backpropagation through structure[C]//Proceedings of international conference on neural networks (ICNN'96). [S.l.:s.n.]，1996: 347-352.

[56] RANZATO M A，HUANG F J，BOUREAU Y L，et al. Unsupervised learning of invariant feature hierarchies with applications to object recognition[C]//2007 IEEE conference on computer vision and pattern recognition. [S.l.:s.n.]，2007: 1-8.

[57] KAI Y，WEI X，GONG Y . Deep learning with kernel regularization for visual recognition[C]// Conference on Neural Information Processing Systems. [S.l.:s.n.]，2008:1889-1896.

[58] MOBAHI H，COLLOBERT R，WESTON J. Deep learning from temporal coherence in video[C]//Proceedings of the 26th annual international conference on machine learning. [S.l.:s.n.]，2009: 737-744.

[59] LEE H，GROSSE R，RANGANATH R，et al. Convolutional deep belief networks for scalable unsupervised learning of hierarchical representations[C]//Proceedings of the 26th annual international conference on machine learning. [S.l.:s.n.]，2009: 609-616.

[60] COLLOBERT R，WESTON J，BOTTOU L，et al. Natural language processing (almost) from scratch[J]. Journal of machine learning research，2011，12: 2493-2537.

[61] HUANG E H，SOCHER R，MANNING C D，et al. Improving word representations via global context and multiple word prototypes[C]//Proceedings of the 50th snnual meeting of the association for computational linguistics (volume 1: long papers). [S.l.:s.n.]，2012: 873-882.

[62] MIKOLOV T，CHEN K，CORRADO G，et al. Efficient estimation of word representations in vector space[EB/OL].[2021-09-02].https://arxiv.org/abs/1301.3781v3.

[63] DAHL G E，ADAMS R P，LAROEHELLE H. Training restricted boltzmann machines on word observations[EB/OL].[2021-09-02].https://www.docin.com/p-1574685017.html.

[64] MIKOLOV T，CHEN K，CORRADO G，et al. Efficient estimation of word representations in vector space[EB/OL].[2021-09-02]. https://arxiv.org/abs/1301.3781v3.

[65] RONG X. word2vec parameter learning explained[EB/OL].[2021-09-02].https://zhuanlan.zhihu.com/p/357859112.

[66] LEE J，RHEW H G，KIPKE D，et al. A 64 Channelprogrammable closed-loop deep brain stimulator with 8 channel neural amplifier and logarithmic ADC[C]//2008 IEEE Symposium on VLSI Circuits. [S.l.:s.n.]，2008:76-77.

[67] LOMAN S，MERMAN H. The KMP: a tool for dance/movement therapy[J]. American journal of dance therapy，1996，18(1):29-52.

[68] TORGERSON W S. Multidimensional scaling: i. theory and method[J]. Psychometrika，1952，17(4):401-419.

[69] SHEPARD R N. The analysis of proximities: multidimensional scaling with an unknown distance function. I[J]. Psychometrika，1962，27(2): 125-140.

[70] KRUSKAL J B. Multidimensional scaling by optimizing goodness of fit to a nonmetric hypothesis[J]. Psychometrika，1964，29(1): 1-27.

[71] 杨尔弘，郝秀兰，李盛. 基于粗集的汉语词语义项知识的获取[J]. 中文信息学报，2002，16(3): 28-34.

[72] FREITAG D. Toward general-purpose learning for information extraction[C]//Association for Computational Linguistics.Proceedings of the 36th annual meeting of the association for computational linguistics and 17th international conference on

computational linguistics. [S.l.:s.n.], 1998: 404-408.
[73] CUNNINGHAM M J, CLIFTON D K, STEINER R A. Leptin's actions on the reproductive axis: perspectives and mechanisms[J]. Biology of reproduction, 1999, 60(2): 216-222.
[74] NAHM U Y, MOONEY R J. Mining soft-matching rules from textual data[C]// Proceedings of the 17th international joint conference on Artificial intelligence. [S.l.]: Morgan Kaufmann Publishers Inc, 2001: 979-984.
[75] VINCENT J , VENITZ J , TENG R , et al. Pharmacokinetics and safety of trovafloxacin in healthy male volunteers following administration of single intravenous doses of the prodrug, alatrofloxacin[J].Journal of antimicrobial chemotherapy, 1997, 39(2):75-80.
[76] STROUP D F, BERLIN J A, MORTON S C, et al. Meta-analysis of observational studies in epidemiology: a proposal for reporting[J]. JAMA, 2000, 283(15): 2008-2012.
[77] SAHAMI M, DUMAIS S, HECKERMAN D, et al. A Bayesian approach to filtering junk e-mail[C]// AAAI Technical Report. [S.l.:s.n.], 1998: 98-105.
[78] SAKKIS G, ANDROUTSOPOULOS I, PALIOURAS G, et al. Stacking classifiers for anti-spam filtering of e-mail[J]. International journal of production research, 2001, 52(19):5857-5879.
[79] DEFAY T R, COHEN F E. Multiple sequence information for threading algorithms[J]. Journal of molecular biology, 1996, 262(2): 314-323.
[80] LEWIS D D, GALE W A. A sequential algorithm for training text classifiers[C]// Proceedings of the 17th annual international ACM SIGIR conference on Research and development in information retrieval. [S.l.:s.n.], 1994: 3-12.
[81] LE Q, MIKOLOV T. Distributed representations of sentences and documents[C]// International conference on machine learning. [S.l.:s.n.], 2014: 1188-1196.
[82] LAMPLE G, BALLESTEROS M, SUBRAMANIAN S, et al. Neural architectures for named entity recognition[EB/OL].[2021-09-02]. https://zhuanlan.zhihu.com/p/74915592.
[83] PLANK B, A SØGAAR D, GOLDBERG Y. Multilingual part-of-speech tagging with bidirectional long short-term memory models and auxiliary loss[C]//Proceedings

of the 54th Annual Meeting of the Association for Computational Linguistics. [S.l.:s. n.]，2016:412-418.

[84] DYER C，BALLESTEROS M，LING W，et al. Transition-based dependency parsing with stack long short-term memory[J]. Computer science，2015，37(2):321–332.

[85] XIANG Y，VU N T. Character composition model with convolutional neural networks for dependency parsing on morphologically rich languages[EB/OL].[2021-09-02].https://arxiv.org/abs/1705.10814.

[86] KIM Y，HWANG Y，KANG T，et al. LSTM language model based korean sentence generation[J]. The journal of the korean institute of communication sciences，2016，41(5):592-601.

[87] WIETING J，BANSAL M，GIMPEL K，et al. Charagram: Embedding words and sentences via character n-grams[EB/OL].[2021-09-02]. https://arxiv.org/abs/1607.02789.

[88] MIECH A，ALAYRAC J B，BOJANOWSKI P，et al. Learning from video and text via large-scale discriminative clustering[C]. 2017 IEEE International Conference on Computer Vision (ICCV). [S.l.:s.n.]，2017:5267-5276 .

[89] CAVNAR W B，TRENKLE J M. N-gram-based text categorization[J]. Ann Arbor MI，1994，48113(2): 161-175.

[90] JOULIN A，GRAVE E，BOJANOWSKI P，et al. Bag of tricks for efficient text classification[EB/OL].[2021-09-02]. https://zhuanlan.zhihu.com/p/31118235.

[91] SENNRICH R，HADDOW B. Linguistic input features improve neural machine translation[EB/OL].[2021-09-02]. https://www.researchgate.net/publication/306094276_Linguistic_Input_Features_Improve_Neural_Machine_Translation.

[92] HEINZERLING B，STRUBE M. BPEmb: tokenization-free pre-trained subword embeddings in 275 languages[EB/OL]. [2021-09-02]. https://arxiv.org/abs/1710.02187.

[93] VANIA C，LOPEZ A. From characters to words to in between: do we capture morphology?[EB/OL]. [2021-09-02]. https://arxiv.org/abs/1704.08352.

[94] JOZEFOWICZ R，VINYALS O，SCHUSTER M，et al. Exploring the limits of

language modeling[EB/OL].[2021-09-02].https://arxiv.org/abs/1602.02410.

[95] FARAG Y，REI M，BRISCOE T. An error-oriented approach to word embedding pre-training[EB/OL].[2021-09-02].https://arxiv.org/abs/1707.06841.

[96] VILNIS L，MCCALLUM A. Word representations via gaussianembedding[EB/OL].[2021-09-02].https://dblp.uni-trier.de/rec/journals/corr/VilnisM14.html.

[97] ATHIWARATKUN B，WILSON A G. Multimodal word distributions[EB/OL].[2021-09-02].https://arxiv.org/abs/1704.08424.

[98] NICKEL M，KIELA D. Poincaréembeddings for learning hierarchical representations[EB/OL].[2021-09-02].https://www.researchgate.net/publication/317088002_Poincare_Embeddings_for_Learning_Hierarchical_Representations.